하마는 왜
꼬리를 휘저으며 똥을 눌까?

꼬리를 휘저으며 똥을 눌까?

장이권 글
최경식 그림

나무를 심는 사람들

동물학

 **프롤로그**

인간처럼 동물도 살아가면서 여러 문제에 부딪친다. 영양가 높은 먹이를 찾아야 하고, 오늘 밤 묵을 곳을 구해야 한다. 먹이나 배우자에 대한 정보를 획득해야 하고, 지형지물을 익혀 길을 찾아야 한다. 자원 획득으로 얻는 이익과 그에 따른 위험을 고려하는 전략을 세울 수 있어야 한다. 포식자의 위험에 대비하고, 포식자를 만나면 적당히 방어해야 한다. 이 모든 과정에서 동물은 행동을 이용해 성공적으로 문제를 해결하거나 적당한 대안을 찾아야 한다. 동물은 행동을 통해 주변의 물리적, 사회적 환경과 상호 작용하기 때문에 동물에 대한 이해는 '행동'을 이해함으로써 가능하다.

이 책에서는 진화적인 관점으로 동물의 행동을 이해하려고 한다. 그러기 위해 동물들이 가진 흥미로운 행동 형질을 살펴본다. 행동 형질은 유전되는 특정한 행동인데, 동물들의 이런 행동 형질이 번식과 생존에 어떻게 기여하는가를 이해하려는 것이다. 땅에 머리를 묻는 타조의 행동이 타조의 생존에 기여할까? 기존 수컷을 물리치고 암컷 무리에 들어온 수사자가 새끼사자를 죽이는 영아 살해는 사자의 번식에 어떻게 기여할까? 이런 질문들은 진화적인 관점으로 동물의 행동을 이해하는 첫 번째 단계이다.

1장에서는 먹이 그물과 생태계를 살펴본다. 생태계는 한 지역의 모든 생명체와 물리적인 환경을 포함하는 것으로, 한 생명체는 생태계 내에서 다른 생명체 그리고 주변의 환경과 끊임없이 상호 작용한다. 이런 상호 작용 중 가장 중요한 것은 영양 관계, 즉 먹고 먹히는 관계이다. 생태계의 모든 생명체는 생산자, 소비자 그리고 분해자로 구성되어 있으며, 서로 먹이 그물로 연결되어 있다. 생산자는 모든 생명체가 필요한 먹이를 생산하여 스스로 사용하고, 초식 동물과 같은 소비자에게 먹이가 되기도 한다. 먹이 그물에서 한 생명체의 위치를 알면 고래 같은 거대한 동물이 왜 하필 작은 생물을 먹을 수밖에 없는지 이해하게 된다.

2장에서는 동물의 생존 경쟁과 방어에 대해 다룬다. 거의 모든 동물은 살아가면서 포식자의 위협에 놓인다. 일부 거대 동물은 포식자의 직접적인 표적은 되지 않지만, 새끼는 포식의 위험에 노출되기 때문에 이들에게도 포식자에 대한 방어는 중요하다. 포식자와 피식자의 관계에서 포식자가 우위에 있다고 생각하기 쉽지만 피식자는 상대적으로 짧은 세대와 보다 풍부한 먹이를 바탕으로 포식자의 압력으로부터 잘 버틴다. 포식자 방어와 더불어 먹이의 확보도 생존에 필수적이다.

3장에서는 동물의 진화를 다룬다. 현존하거나 멸종한 모든 생명체의 진화적 계통을 보여 주는 생명나무(tree of life)를 살펴보면 전체 생명체에서 동물이 차지하는 위치를 알 수 있다. 한 분류군의 가장 독특한 특징은 다른 생물에는 없고, 그 분류군에서만 나타나는 형질로 유추해 볼 수 있는데, 동물에서 그런 형질은 신경 조직과 근육 조직으로, 모두 행동의 발현과 관련이 있다.

4장에서는 동물의 학습에 대해 살펴본다. 우리가 잘못 알고 있는 고정 관념 중 하나는 동물은 학습 없이 본능에 의해서만 행동한다는 생각이다. 일부 행동은 본능에 의해 결정되는데, 생존에 꼭 필요하고 변화하지 않는 조건이라면 본능에서 비롯되는 행동이 유리하다. 하지만 동물이 살아가는 대부분의 환경 조건은 고정되어 있지 않다. 포식의 위험, 먹이의 가용성, 사회적 환경이 늘 바뀌기 때문에 학습 능력은 종종 동물의 생존과 번식에 결정적인 역할을 한다. 고정 관념과는 달리 동물은 끊임없이 주변 환경에 대해 학습하고, 학습 내용을 다음 행동에 반영한다.

5장에서는 동물의 의사소통에 대해 다룬다. 의사소통은 발송자와 수령자 사이 정보의 제공이다. 의사소통은 종종 그 동물의 가장 특징적인 형질이어서 그 동물에 대한 우리의 인식을 대표하기도 한다. 또한 허위 정보와 오보로 가득 차 있는 동물들의 의사소통에 대해서도 알아본다.

6장은 변화하는 생태계와 동물이다. 지구의 환경은 늘 변화했고, 지구의 역사는 기후 변화의 역사이기도 하다. 도시 건설, 대규모 농업과 축산, 도로의 확대, 온실가스 방출, 황소개구리 같은 외래 생물의 침입 등은 생태계를 파괴하고, 급속도로 환경을 변화시키고 있다. 이런 변화는 동물들에게 엄청난 스트레스를 주고 있고, 많은 생물종이 사라지는 원인이 되고 있다. 기후 변화가 동물의 환경을 어떻게 바꾸고 있는지 말코손바닥사슴과 퍼핀의 예를 들어 설명한다.

왜 동물의 행동을 진화적인 관점에서 이해해야 할까? 그 이유는 우리가 현재 보고 있는 동물의 행동 형질이 오랫동안 진화적인 힘으로 만들어지고 다듬어졌기 때문이다. 생존과 번식에 기여하지 못한 행동 형질은 진화 과정에서 사라지기도 하고, 새로운 형질이 기존 형질보다 생존과 번식에 더 기여했다면 새로운 형질이 기존 형질을 대체해 왔다. 행동 형질이 선택되고 유지되는 가장 중요한 요인은 물리적 및 사회적 환경 조건이다. 그래서 한 동물이 처한 과거와 현재의 환경 조건을 알 수 있으면 그 동물이 특징 행동을 하는 이유를 이해할 수 있다. 이 책에서는 다양한 동물들의 삶을 소개한다. '동물들은 살고 있는 환경 조건에서 부딪치는 현실적인 문제를 행동을 이용해 어떻게 해결하려고 할까?'라는 시각에서 이 책을 읽으면 좋겠다.

차례

2장
동물의 생존 경쟁과 방어

3장
진화하는 동물

4장
학습하는 동물

5장
동물의 의사소통

6장
기후 위기와 동물

1장

먹이 그물과
생태계

1

가장 큰 동물이 왜 가장 작은 생물을 먹을까?

바다에는 다양한 크기의 동물들이 살아간다. 그런데 바다에 사는 가장 큰 포유동물인 대왕고래와 가장 큰 어류인 고래상어, 가장 큰 가오리는 하나같이 아주 작은 생물을 먹고 산다. 왜 가장 큰 동물이 작은 생물을 먹는 걸까?

현재 지구상에 살아가거나 멸종한 모든 동물 가운데 크기가 가장 큰 동물은 대왕고래다. 몸길이가 최대 33미터에 이르는 대왕고래는 몸 크기가 1, 2cm인 작은 새우 크릴을 먹는다. 대왕고래가 속한 수염고래는 전 세계에 16종이 있는데 대부분 엄청나게 큰 몸무게를 자랑하지만, 하나같이 작은 생물을 먹는다.

또 현재 가장 큰 어류로 몸길이가 최대 18m까지 자라는 고래상어도 아주 작은 생물인 플랑크톤을 먹는다. 고래상어를 뒤이어 두 번째로 큰 어류인 돌묵상어는 몸길이가 보통 7.9m 정도인데, 돌묵상어 역시 동물 플랑크톤이나 작은 어류를 먹는다. 다섯 번째로 큰 어류이자 가오리 중에서 가장 큰 쥐가오리도 마찬가지다.

》 먹이를 걸러 먹는 《
여과 섭식자 대왕고래

수염고래는 위턱에 '고래수염'이 늘어져 있다. 대왕고래의 고래수염은 그 길이가 수 미터에 달한다. 고래수염은 널빤지처럼 생겼는데, 주로 손톱이나 머리카락에 많이 있는 케라틴이라는 단백질로 구성되어 있다. 대왕고래는 좋아하는 크릴 무리가 있으면 입을 크게 벌리고 아주 빠른 속도로 유영한다. 그러면서 엄청난 양의 물과 함께 크릴을 빨아들인다. 그런 다음 입을 닫아 고래수염 사이로 물은 내보내고, 크릴만 걸러 낸다. 대왕고래처럼 먹이를 걸러 섭취하는 포식자를 '여과 섭식자'라 한다.

고래상어가 주로 먹는 플랑크톤은 눈에 잘 보이지 않을 정도

티끌, 아니 크릴 모아 태산이지!

로 작다. 플랑크톤 가운데 식물 플랑크톤은 식물처럼 광합성을 한
다. 동물 플랑크톤은 이런 식물 플랑크톤을 잡아먹는다. 플랑크톤
은 해수면에 풍부한데, 그 이유는 햇빛 때문이다. 식물 플랑크톤
은 햇빛을 이용해 광합성을 하고, 무서운 속도로 번식한다. 식물
플랑크톤은 궁극적으로 바다에 사는 모든 동물의 먹이원이 된다.
고래상어는 입을 열고 아무것도 없어 보이는 바닷물을 입에 집어
넣는데, 이것은 우리 눈에 안 보이는 플랑크톤을 먹기 위해서다.

　먹이 그물은 생태계 안에 있는 생명체 사이의 먹고 먹히는 관
계를 보여 준다. 먹이 그물에서 식물은 생산자이고, 생산자는 1차

소비자에게 먹힌다. 다시 1차 소비자는 2차 소비자에게 잡아먹힌다. 이 먹고 먹히는 영양 관계는 에너지의 흐름으로도 볼 수 있다. 1차 소비자가 생산자를 먹으면 생산자에 있는 에너지를 흡수해 1차 소비자가 사용하는 생물량으로 바뀐다. 마찬가지로 2차 소비자는 1차 소비자를 잡아먹고 자신의 생물량으로 만든다. 그러면 한 단계에서 다음 단계로 넘어갈 때 전환되는 에너지 효율을 계산할 수 있는데, 이것을 '영양 효율'이라 한다.

생태계에서 영양 효율은 대략 10% 정도라고 한다. 이렇게 계산하면 3차 소비자는 생산자 에너지의 0.1%만 사용하게 된다. 이런 이유로 생태계 안에서 먹이 그물은 아무리 길어도 4 또는 5 영양 단계를 넘지 못한다. 또 최상위 포식자는 영양 효율이 낮아서 극소수여야 한다.

》 크게 성장하고 싶으면 《
작지만 풍부한 먹이를 선택해

대왕고래나 고래상어, 쥐가오리 같은 거대한 동물은 충분히 최상위 포식자가 될 자격이 있다. 그러나 최상위 포식자는 몸 크기에 걸맞는 많은 양의 먹이가 필요하다. 보통 커다란 먹이는 흔하지 않아 찾기 힘든 데다 그만큼 강력한 힘을 갖고 있어서 포획할 때 상당한 위험이 뒤따른다. 그래서 고래상어나 대왕고래, 쥐가오리는 최상위 포식자가 되기보다 플랑크톤이나 크릴 같은 아주 작지만 풍부한 먹이를 선택했다.

왜 바다에서 가장 거대한 동물은 가장 작은 것을 먹을까? 그 이유는 가장 작은 것이 가장 흔하기 때문이다. 마찬가지 이유로 코끼리나 하마 같은 육상 생태계의 거대 동물도 대부분 쉽게 구할 수 있는 풀을 먹는다. 크게 성장하고 싶으면 풍부하게 있는 작은 먹이를 많이 먹어야 한다.

하마는 왜 꼬리를 휘저으며 똥을 눌까?

성질 최악이라고 소문났고, 굉장히 난폭하며, 아프리카에서 사람을 가장 많이 죽이는 거대 동물이 있다. 우리는 보통 몸무게가 44kg 이상 나가는 동물을 '거대 동물'이라고 하는데, 우리가 가장 조심해야 할 아프리카 거대 동물은 무엇일까?

아프리카에서 가장 조심해야 할 거대 동물은 악어와 하마다. 퉁퉁한 배에 짧은 다리, 조금은 애처로워 보이는 얼굴을 가진 하마를 조심해야 한다는 사실이 놀랍기만 하다. 하지만 하마는 지나가는 배를 공격하거나 뒤집어엎어 배에 타고 있는 사람을 죽이기도 한다. 1년에 500명 정도가 하마에게 희생당하는 것으로 알려져 있다.

하마의 몸무게는 보통 1.5~2톤 정도로, 육상에서 코끼리, 흰코뿔소 다음으로 무겁다. 짤막한 다리 때문에 굼뜰 것 같지만, 하마는 짧은 거리는 시속 30km로 달릴 수 있어 사람도 쉽게 따라잡을 수 있다.

》엄청난 전투력을 가진 《
수컷 하마

하마가 특히 위험한 이유는 행동을 예측하기 어려운 수컷 때문이다. 수컷은 강줄기 가운데 250m 정도의 영역을 가지며, 그 안에서 암컷 10여 마리와 그 새끼들, 청소년 수컷들과 같이 산다. 수컷 하마는 종종 입을 크게 벌려 송곳니를 드러낸다. 하품하는 듯한 이 행동은 사실 위협 신호다. 다 자란 수컷 하마가 입을 크게 벌리면 턱이 거의 180도 정도 벌어지는데, 그 크기가 1.2m쯤 된다. 입을 크게 벌리면 아래턱에서 30cm 정도 되는 날카로운 송곳니가 드러난다. 수컷끼리는 종종 서로 입을 크게 벌리고 싸우는데, 잘못 물리면 치명적인 상처를 입을 수 있다.

먹이 그물과 생태계

하마는 그리스어로 '강에서 사는 말'이란 뜻이다. 그만큼 물을 좋아해서 물속에서 하루 16시간까지 보낸다. 하마는 육중한 몸무게를 자랑하지만, 물속에서는 민첩하고 우아하기까지 하다. 물속에서 무려 5분 정도 숨을 참을 수도 있다. 하마가 물과 관련이 깊다는 사실은 계통학적으로도 알 수 있다. 생김새는 소나 돼지와 비슷하지만, 현재 살아 있는 동물 가운데 하마와 계통학적으로 가장 가까운 동물은 고래다. 고래와 하마의 공통 조상은 지금으로부터 5천 5백만 년 전에 살았다. 하마는 반수생 생활을 하지만, 고래류는 완전한 수생 생활을 하면서 바다로 진출했다.

하마는 무시무시한 전투력을 갖고 있지만, 절대적인 초식 동물이다. 강에는 하마가 먹을 만한 부드러운 풀이 별로 없어 밤이 되면 육지로 올라가 먹이를 찾는다. 하마는 일렬로 줄을 맞춰 육지 깊숙이 1~10km 들어간다. 매일 밤 4, 5시간 동안 40~50kg 풀을 먹고 새벽이 되기 전에 다시 강으로 돌아온다.

강으로 돌아온 하마는 물에 들어가 소화도 시키고, 휴식도 즐기고, 배설도 한다. 하마가 배설하는 모습이 아주 재미있는데, 두툼한 꼬리를 좌우로 빠르게 움직여 오줌과 똥이 섞인 배설물을 사방으로 흩뿌린다. 마치 스프링클러로 물을 사방에 뿌리는 모습과 비슷하다. 왜 배설물을 흩뿌리는지는 정확히 알려지지 않았지만, 하마는 배설물로 영역을 표시한다.

케냐의 마사이마라 국립보호구는 탄자니아의 세렝게티 국립공원과 더불어 대형 야생 동물을 볼 수 있는 최고의 장소이다. 이

국립보호구에 있는 마라강 유역에 하마 4,000여 마리가 살고 있다. 이 하마 무리가 강 근처 풀밭에서 풀을 먹고 강에 뿌리는 배설물의 양은 하루에 약 36톤이다. 하마 배설물의 구성 성분 가운데 탄소의 무게는 3.5톤, 질소는 492kg, 인은 48kg이다. 탄소, 질소 및 인은 강에 사는 다양한 생명체의 생산성과 안정에 결정적인 역할을 한다. 토양에 질소나 인이 부족하면 식물들이 잘 자라지 못한다. 그러면 인간은 비료를 뿌려서 땅의 힘을 높이는데, 바로 이 비료를 구성하는 주요 성분이 질소와 인이다. 하마의 배설물은 강에서 살아가는 수많은 수서 생물의 비료인 셈이다.

먹이 그물과 생태계

》 강의 생태계를 풍부하게 하는 《
하마 배설물

강에 유입되는 배설물의 양도 어마어마하지만, 배설물의 형태도 강의 생태계에 중요하다. 섬유질이 많은 식물은 쉽게 분해되지 않아서 대부분의 플랑크톤이나 물고기들이 섭취하기 어렵다. 그런데 하마의 배설물은 적당히 소화된 데다 잘게 흩뿌려지기 때문에, 강에 사는 플랑크톤이 바로 흡수할 수 있다. 이런 플랑크톤은 수서 곤충이나 수많은 무척추동물의 먹이가 되고, 이들은 다시 물고기의 먹이가 된다. 그러므로 하마가 지키는 강은 많은 생물이 번성하고, 생산성이 높은 생태계다.

생명체가 쓸 수 있는 영양분은 생태계에서 불균등하게 분포되어 있고, 이런 영양분의 분포는 곧바로 생물의 분포를 결정한다. 만약 영양분이 풍부한 장소에서 부족한 장소로 이동시키면 생태계의 구조와 생산성을 크게 개선시킬 수 있다. 하마는 땅에서 강으로 영양분을 이동시켜 강을 건강하게 하는 '아프리카 강의 지킴이'다. 성질은 괴팍하지만 하마가 지키고 있는 한 아프리카 강은 생명으로 가득 찰 것이다.

3

왜 세상은 녹색일까?

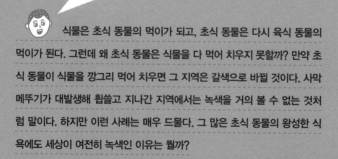

식물은 초식 동물의 먹이가 되고, 초식 동물은 다시 육식 동물의 먹이가 된다. 그런데 왜 초식 동물은 식물을 다 먹어 치우지 못할까? 만약 초식 동물이 식물을 깡그리 먹어 치우면 그 지역은 갈색으로 바뀔 것이다. 사막 메뚜기가 대발생해 휩쓸고 지나간 지역에서는 녹색을 거의 볼 수 없는 것처럼 말이다. 하지만 이런 사례는 매우 드물다. 그 많은 초식 동물의 왕성한 식욕에도 세상이 여전히 녹색인 이유는 뭘까?

'왜 세상은 녹색인가?'는 미국의 생태학자 헤어스턴과 동료들이 1960년 제기한 질문이다. 이 질문에는 크게 두 가지로 답할 수 있다. 바로 하향식 조절과 상향식 조절이다. 하향식 조절은 포식자가 초식 동물을 잡아먹어서 초식 동물을 조절한다는 모델이다. 이에 비해 상향식 조절은 식물이 스스로 자신을 방어해 초식 동물을 조절한다는 모델이다. 이 두 모델 중 어느 것이 맞을까?

헤어스턴과 동료들은 위 질문을 던지면서 하향식 조절이 그 답이라고 제시했다. 하향식 조절을 증명하는 가장 쉬운 방법은 포식자를 제거하는 것이다. 포식자를 제거하면 초식 동물은 마음껏 식물을 먹을 수 있어서 녹색 세상이 갈색 세상으로 변할 것이라고 생각했다.

》 초식 동물이 마음껏 먹어도 《 초록은 사라지지 않아

하향식 모델을 증명하기 위해 영국의 한 산악 지대에서 울타리를 이용해 양들이 들어오지 못하는 풀밭과, 양들이 마음대로 드나드는 곳의 풀밭을 비교했다. 예상대로 양들이 마음대로 활동한 곳에서는 풀들이 아주 짧아졌다. 그에 비해 양들이 들어가지 못한 곳에서는 풀들이 훨씬 크고 다양하게 자랐다. 재미있는 점은 양들이 아무리 마음대로 풀을 뜯어 먹어도 풀이 완전히 없어지지 않았다는 점이다. 초식 동물이 제한 없이 식물을 먹어도 풀밭은 톤이 다른 녹색으로 바뀌었을 뿐 갈색으로 변하지는 않았다.

양과 풀밭을 대상으로 한 관찰 실험은 실제 자연 생태계와는 거리가 있다. 그래서 이후에 야생 동물과 자연 생태계를 대상으로 실험을 진행했는데, 그 결과도 영국의 산악 지대에서 한 실험의 결과와 비슷했다. 다시 말해 아무리 포식자를 제거해도 초식 동물이 한 지역의 식물을 완전하게 먹어 치우지는 못했다.

하지만 포식자가 존재할 경우와 그렇지 않을 때 식물의 양과 조성은 완전히 달라졌다. 포식자가 있으면 다양한 종의 풀들이 번성했지만, 포식자가 없으면 초식 동물이 먹기 힘든 식물 종이 우세해졌다. 그러다 보니 하향식 조절은 '왜 세상은 녹색인가?'를 제대로 설명하지 못했다. 다만 하향식 조절이 있으면 다른 톤의 녹색 세상이 펼쳐질 뿐이다.

그럼 상향식 조절로 녹색 세상을 설명할 수 있을까? 상향식 조절은 식물이 초식 동물의 공격을 제한하는 방법이다. 그런데 식물은 동물과 달리 움직일 수도 없고, 맞서 싸울 수도 없다. 그러면 식물은 어떻게 초식 동물을 방어할까?

몇몇 식물은 가시나 딱딱한 외피, 독침으로 무장해 초식 동물의 접근을 막기도 한다. 사실 식물들이 가장 애용하는 방법은 화학 방어다. 식물은 대사 활동을 하면서 살아가는 데 필요한 지방이나 단백질 같은 화합물을 만든다. 이것을 '일차 대사 산물'이라 한다. 그런데 이 과정에서 부수적인 중간 단계의 화합물도 같이 만들어진다. 이것을 '이차 대사 산물'이라 하는데 가장 대표적인 것이 피톤치드다. 이런 이차 대사 산물은 대부분 초식 동물에게 독으로 작용한다. 보통 이런 식물은 아주 맛이 없으며, 많이 먹으면 중독되어 죽게 된다.

》식물이 초식을 조절하는《
상향식 조절이 대세

식물은 초식 동물의 초식을 제한하기 위해 이런 화학 방어 말고도 영양 가치를 떨어뜨려 먹히는 걸 피하는 방법을 사용하기도 한다. 영양가가 높은 음식은 보통 질소의 함량이 높다. 질소는 흔히 고기나 새잎, 꽃, 열매 등에 풍부하다. 동물의 몸에는 식물보다 질소가 10배 이상 많이 들어 있어서 질소가 풍부한 음식을 선호한다. 이런 동물이 가장 먹고 싶어 하는 식물 부위는 질소 함량이 높은 꽃이나 열매 부분이다. 그래서 식물은 번식하거나 종자를 분산시킬 때 꽃과 열매를 만들어 동물이 먹도록 유인한다.

반대로 식물 대부분을 차지하는 잎이나 목재 부분은 영양 가치가 떨어진다. 동물이 잎이나 목재를 대량으로 먹으면 이차 대사 산물로 인해 부작용을 겪기도 한다. 그래서 식물은 영양 가치를 높이거나 낮추는 방법으로 동물의 초식을 유도하거나 막을 수 있다. 이렇게 식물이 초식 동물의 초식을 조절하는 상향식 조절은 녹색 세상에 대한 가설로 상당한 지지를 받고 있다.

4

분해자가 없다면 세상은 어떻게 될까?

땅에 구멍을 뚫으면 서로 다른 암석층이 나타나는데, 이것은 지질학적 시간의 역사다. 보통의 경우 위에서 아래로 내려갈수록 시간을 거슬러 올라간다. 전 세계의 석탄은 모두 고생대의 '석탄기'에서만 발견된다. 3억 6천만 년 전부터 3억 년 사이에 형성된 석탄기 이외의 지층에서는 절대 석탄이 발견되지 않는다. 왜 그럴까?

약 6천만 년 동안 지속된 석탄기는 양서류의 시대라고도 한다. 양서류는 어류에서 진화했고, 다리가 네 개인 척추동물 가운데 처음으로 육상을 점령했다. 양서류는 우리나라 한여름처럼 덥고 습한 환경을 선호한다. 석탄기 내내 기후가 일정하진 않았지만, 전반적으로 찌는 듯이 더운 날씨였다. 그 당시 지구의 평균 기온은 20℃ 정도로, 지금의 14℃에 비해 엄청 높다. 또 현재 지구 대기 중 산소는 21% 정도이지만, 석탄기 때는 무려 35%를 차지했다.

곤충은 확산을 통해 공기 중의 산소를 몸속으로 가져온다. 호흡을 해서 산소를 몸속에 집어넣는 것이 아니라 공기 중 산소가 몸속으로 들어오는 걸 기다리는 방식이다. 석탄기 때는 높은 산소 농도 덕분에 확산이 잘 일어나서 곤충이 지금보다 더 커도 몸속에 충분히 산소를 받아들일 수 있었다. 그래서 당시 곤충은 지금과 비교하면 꽤 컸다.

석탄기의 풍경과 그 이전 시기의 풍경을 비교해 보면 한 가지 놀라운 차이가 있다. 바로 나무로 이루어진 숲이다. 석탄기 이전에는 식물이 주로 풀이었지만, 석탄기에는 드디어 지구에 나무가 대규모로 등장했다. 이 당시 나무는 오늘날 우리가 보는 꽃이 피는 나무가 아니라 주로 석송이나 고사리 같은 양치식물이었다. 석송은 지금은 작은 식물이지만 석탄기에 존재했던 석송은 지름 1.5m, 높이 30m인 아주 큰 나무였다. 그래서 석탄기의 풍경은 후덥지근한 날씨에 늪이 많고 양치식물로 덮인 잘 발달된 숲으로 이루어졌다. 그런데 왜 석탄기에 나무가 등장했을까?

» 석탄기에 나무로 된 숲이 «
처음으로 만들어지다

높이는 식물의 아주 중요한 경쟁력이다. 식물은 빛을 이용해 광합성을 하고, 영양분을 생산한다. 식물은 경쟁자의 그늘에서 벗어나 태양에 더 가까이 갈수록 더 많은 빛을 흡수할 수 있다. 그런데 높이 성장하려면 지지대가 튼튼해야 한다. 식물은 식물 세포의 세포벽 덕분에 수직으로 성장할 수 있다. 식물 세포는 동물 세포와 달리 세포를 둘러싸고 있는 세포벽이 있어서 경직되어 있다.

세포벽의 주요 구성 성분은 흔히 섬유질이라고 부르는 '셀룰로스'다. 셀룰로스가 들어간 세포벽 때문에 식물 세포는 비교적 단단한 구조를 유지하면서 수직 성장도 할 수 있다. 그런데 풀과 달리 나무는 훨씬 더 단단한 목재 구조물을 갖고 있고, 훨씬 더 높이 성장할 수 있다. 목재는 왜 이렇게 단단할까?

나무가 높이 수직 성장을 할 수 있는 이유는 세포벽에 있는 '리그닌'이라는 복잡한 유기 화합물 덕분이다. 리그닌은 원래 물관이나 체관처럼 물질 수송을 위한 도관을 구성하는 물질이다. 또 나무는 곤충이나 다른 동물의 초식에 대응하기 위해 리그닌을 진화시키기도 했다. 실제 리그닌으로 된 나무껍질은 다른 생물의 위협을 잘 막을 수 있어서 나무의 수명은 엄청나게 길다. 풀 같은 식물은 아무리 높이 성장해도 수 미터에 불과하지만 리그닌으로 중무장한 나무는 수십 미터, 심지어 백 미터가 넘게 수직 성장이 가능하다.

이 리그닌은 너무나 혁신적인 산물이었기 때문에 처음 생겼을 때 지구상에는 리그닌을 분해할 수 있는 생물이 없었다. 그래서 나무는 죽으면 썩지 않고 목재 부분이 그대로 쌓였다. 오늘날의 플라스틱처럼 석탄기 때의 목재는 썩지 않는 쓰레기가 되어 버렸다. 이런 기간이 무려 6천만 년이나 지속했고, 아주 오랜 시간이 지나면서 퇴적되어 지층을 형성했다. 땅속에서 높은 온도와 압력을 받은 목재 쓰레기는 석탄이 되었다.

》 분해자 덕분에 《
생태계가 깨끗해진다

석탄기가 끝날 무렵 지질학의 역사를 바꿀 만한 진화의 혁신이 다시 생겼다. 이번에는 리그닌을 분해할 수 있는 세균과 곰팡이가 등장한 것이다. 이 가운데 곰팡이는 특히 목재를 잘 분해한다. 곰팡이의 균사는 죽은 나무의 구석구석으로 퍼지면서 영양분을 흡수한다. 산을 걷다가 곰팡이가 핀 나무를 보면, 그 나무는 죽었다고 보면 된다. 이런 분해자 덕분에 이제 나무가 죽어도 목재 쓰레기는 더 쌓이지 않게 되었다.

생태계는 그 안에 사는 생물종과 그들이 사는 서식지로 구성되어 있다. 모든 생물종은 살아가기 위해 영양분이 필요하다. 영양분을 획득해야만 생물종은 몸을 구성하고, 활동하고, 번식한다. 생태계의 구성원을 영양 획득의 관점에서 보면 크게 생산자, 소비자 및 분해자로 나눌 수 있다. 생산자는 식물이나 녹색 조류처럼 영양을 직접 생산하고, 소비자는 주로 생산자를 먹거나 다른 소비자를 잡아먹어서 영양을 얻는다. 분해자는 잔존물이나 사체를 분해해 영양분을 섭취한다. 특히 분해자는 분해 과정에서 탄소, 질소, 인 등을 다시 생태계로 돌려보내 생산자가 사용할 수 있게 한다. 만약 분해자가 없다면 생태계 내에서 영양분이 순환되지 않고 석탄기의 석탄처럼 지층으로 쌓이게 된다. 썩어 가는 사체에서 피어난 세균이나 곰팡이가 혐오스럽기는 하지만, 이들 덕분에 우리가 사는 생태계가 깨끗해진다.

먹이 그물과 생태계

흰개미는 왜 높은 흰개미총을 지을까?

5

현재 인간이 거주하는 건물 가운데 가장 높은 것은 두바이에 있는 '부르즈 할리파'로, 높이가 무려 828m다. 그런데 인간의 마천루를 능가하는 높은 건축물을 짓고 사는 동물이 있는데, 바로 흰개미다. 기네스북에 따르면 콩고 공화국에 있는 흰개미총의 높이는 12.4m이다. 이 높이는 보통 1cm 정도인 흰개미 길이의 1,240배에 해당한다. 이에 비해 부르즈 할리파는 인간 키의 500배를 넘지 않는다. 흰개미는 흰개미총을 왜 이렇게 높게 지을까?

흰개미는 생김새와 행동이 개미와 아주 비슷하지만, 개미가 아니다. 개미는 벌이나 말벌과 같이 벌목에 속하고, 흰개미는 바퀴와 같이 바퀴목에 속한다. 흰개미와 계통적으로 가장 가까운 곤충은 바퀴 가운데 나무를 먹는 갑옷바퀴다. 갑옷바퀴는 숲 바닥에 넘어진 썩은 고목에 살며, 어미가 새끼에게 수유를 하는 것으로 알려져 있다.

흰개미와 개미는 대규모 무리를 짓고 사는 점이 아주 비슷하다. 단순히 숫자뿐만 아니라 사회 구조와 행동도 비슷하다. 흰개미는 개미처럼 번식하는 개미와 그렇지 않은 개미로 나뉜다. 번식하지 않는 흰개미는 일을 담당하거나 무리를 지킨다. 무리를 지키는 병정은 일흰개미보다 단단한 머리와 발달한 큰턱을 갖고 있어 외부의 위협으로부터 무리를 지킬 수 있다. 흰개미들도 무리의 번식을 담당하는 여왕흰개미가 있다. 여왕흰개미는 아주 크기 때문에 항상 시녀들이 보살펴야 한다.

흰개미와 개미의 가장 중요한 차이점은 먹이다. 개미는 대부분 이것저것 가리지 않고 먹는 제너럴리스트이자 청소부다. 식물성, 동물성 가리지 않고 둥지로 가져올 수 있는 먹이를 가져온다. 반면 흰개미는 목재의 주성분인 셀룰로스와 리그닌을 먹는, 즉 특정한 먹이만 먹는 스페셜리스트다. 그런데 셀룰로스와 리그닌을 분해할 수 있는 동물은 없으며, 흰개미도 마찬가지다. 흰개미는 셀룰로스와 리그닌을 분해할 수 있는 세균이나 원생생물을 장내에 갖고 있다. 그런데 일부 흰개미종들은 장내 미생물이 없고, 따라서 셀룰로스에서 영양분을 바로 먹을 수 없다. 그럼 이들은 어떻게 살아갈까?

》흰개미는《
곰팡이와 공생 관계

세균이나 원생생물보다 셀룰로스나 리그닌을 더 잘 분해할 수 있는 생물은 곰팡이다. 그래서 일부 흰개미종은 곰팡이 농사를 지어 먹이를 얻는다. 일흰개미들은 밖으로 나가 풀이나 나무를 먹고 돌아온다. 그런 다음 곰팡이 정원으로 돌아와 배설한 뒤 곰팡이 포자를 배설물에 뿌린다. 그러면 곰팡이가 배설물 안에 있는 잘게 부서진 풀이나 나무를 소화하며 성장한다. 흰개미는 곰팡이를 먹이원으로 사용하고, 곰팡이는 흰개미의 정성으로 살아간다. 흰개미와 곰팡이의 공생 관계는 아주 성공적이어서 곰팡이 농사를 짓는 흰개미종은 원래 열대우림에서 기원했지만, 지금은 아프리카의 사바나와 호주, 남아메리카로 확장하고 있다.

곰팡이 농사를 짓는 흰개미종은 대개 높은 건축물을 짓고 살아간다. 특히 거대흰개미속의 흰개미들은 곤충 세계에서 가장 복잡한 구조물을 짓는다. 거대흰개미의 흰개미종은 보통 높이가 8~9m이고, 굴뚝, 뾰족탑, 골도 있다. 흰개미총의 내부에는 여러 개의 굴뚝이 있는데 그 가운데 중앙 굴뚝이 있다. 둥지는 지면이나 지면 아래에 위치한다. 둥지에는 여왕이 알을 낳는 방이 있고, 곰팡이를 사육하는 무수히 많은 정원이 있다. 아랫부분에는 일흰개미들이 밖으로 나가 먹이를 가져오는 통로가 있다.

높은 빌딩에서 많은 사람이 쾌적하게 생활하려면 여러 가지 문제를 해결해야 한다. 무엇보다 건물이 튼튼해야 하고, 환기 시설을 통해 끊임없이 신선한 공기를 제공해야 한다. 건물 내부 온도와 습도도 선호하는 범위 내에서 유지되어야 한다. 인간의 빌딩에서 부딪치는 문제들 역시 흰개미총도 해결해야 한다. 흰개미는 이런 문제를 어떻게 해결할까?

》 곰팡이 농사를 짓는 데 필요한 《 흰개미총

흰개미총의 경이로운 건축 설계는 재질인 흙에서 출발한다. 흰개미총은 흙, 물, 흰개미의 침과 배설물을 섞어서 만든다. 그냥 흙더미 같지만 상당히 견고해서 코끼리가 가려운 옆구리를 대고 비벼도 끄떡없다. 흰개미총은 보통 자체 무게의 50~100배의 압력에도 버틸 수 있다. 게다가 흙은 다른 어떤 재질보다 열과 수분을 잘 흡수해 저장할 수 있다. 그래서 낮에 태양으로부터 받은 열을 그대로 흙에 저장해 두었다가 밤이 되면 온도가 낮은 주변으로 열을 내보낸다. 따라서 둥지 내부는 주변 환경보다 온도 변화가 완만하다.

흰개미가 사는 지역에 따라 흙의 종류가 다르지만, 흙의 종류보다는 흙을 쌓는 방법이 내부 환경을 조절하는 데 더 중요한 역할을 한다. 흰개미총의 외벽을 자세히 보면 아주 미세한 구멍이 가득 나 있고, 이런 구멍은 내부의 굴뚝과 연결되어 있다. 이런 환기 조건은 내부 환경을 조절하는 데 필수적이다. 또 일부 흰개미는 흰개미총의 넓은 면이 동서 방향으로 향하게 한다. 그러면 기온이 낮은 아침과 저녁에 햇빛을 더 많이 받아 둔덕 내부의 기온을 빠르게 상승시킬 수 있고, 한낮에 과열되는 것을 막는다.

흰개미 둥지에서는 수많은 흰개미로 인해 열과 이산화탄소가 발생하고, 곰팡이 농장에서는 엄청난 양의 이산화탄소와 메탄이 나온다. 하지만 뜨거운 공기가 만든 상승 기류를 타고 굴뚝으로 빠져나간다. 그러면서 둔덕 표면에 있는 신선한 공기가 미세한

구멍을 통해 들어온다. 굴뚝은 높이 있어서 태양에 의해 쉽게 데워지고, 그래서 빠져나가는 공기의 온도를 더욱 끌어올린다. 그래서 공기가 더 빨리 빠져나가게 한다. 이렇게 흰개미는 집의 구조와 재질을 이용해 거대한 흰개미총의 환기와 열 조절을 한꺼번에 달성한다.

흰개미총의 효율적인 내부 환경 조절 시스템은 많은 건축가에게 영감을 불어넣고 있다. 그리고 세계의 유명 건물들이 흰개미총을 모방해 지어졌다. 가장 대표적인 예가 짐바브웨의 수도 하라레에 있는 '이스트게이트 센터(Eastgate Center)'다. 건축가 마이크 피어스는 흰개미 둔덕에 영감을 받아 건물을 설계했다. 내부 공간이 거의 1만 평에 달하는 거대한 건물이지만, 냉방과 환기가 자연적인 방법으로 이뤄지기 때문에 더운 여름에도 에어컨 없이 내부 온도가 24도로 유지된다. 수천만 년 동안 진화한 흰개미총의 건축 기술에서 우리는 아직 배울 점이 많다.

먹이 그물과 생태계

6

비버는 왜 댐을 만들까?

비버는 나무를 잘라 쓰러뜨린 다음 적당히 잘라 댐을 짓는다. 비버가 만든 댐의 길이는 보통 20m에서 100m에 이른다. 일부 비버 댐은 인간이 만든 댐과 견주어도 손색이 없을 정도로 길고 튼튼하다. 캐나다 우드버펄로 국립공원에 있는 비버 댐은 길이가 무려 850m에 이른다. 비버는 어떻게 그리고 왜 댐을 만들까?

댐을 만드는 일은 엄청난 수압과 끊임없이 변하는 물의 높이, 지형지물, 유지 보수를 고려해야 하는 고난도 작업이다. 비버 댐의 초석은 댐의 재료인 튼튼한 통나무를 쓰러뜨리는 능력에서 시작한다. 비버는 커다란 앞니를 이용해 나무를 갉아 쓰러뜨릴 수 있다. 비버의 앞니는 보통 오렌지색을 띠는데, 앞니 표면에 철분이 함유되어 있기 때문이다. 그래서 비버의 앞니는 무쇠처럼 단단하다. 비버는 몸에 비해 머리가 큰데, 그 이유는 앞니에 강력한 힘을 전달할 수 있는 저작 근육을 부착하기 위해서이다. 무쇠와 같은 앞니와 강력한 저작 근육으로 비버는 지름 15cm 되는 나무를 50분 이내에 쓰러뜨릴 수 있다.

　　댐을 만들고 유지하기 위해서는 온 가족의 힘이 필요하다. 댐을 건설하기 적당한 장소를 찾으면 비버는 비교적 커다란 바윗돌을 이용해 기초를 다지고, 댐 바깥쪽은 통나무를 이용해 지지한

다. 그런 다음, 쓰러뜨린 나무를 끌고 와 적당한 크기로 자른 다음 필요한 위치에 집어넣는 일을 반복한다. 또 연못 바닥에 있는 진흙과 수생 식물을 가져다 틈을 막는다.

》댐을 건설하는 《 최고의 능력을 가진 비버

비버는 물이 비교적 천천히 흐르는 곳에서는 일직선으로 댐을 짓고, 물살이 빠른 곳에서는 곡선으로 지어서 댐의 안정성을 높인다. 또 댐에 물이 차서 넘쳐흐르지 않도록 물을 따로 흘려보내는 방수로를 만들기도 한다.

비버는 댐을 건설한 뒤 연못 한가운데 숙소인 소굴을 짓는데, 소굴은 물 위에 섬처럼 올라와 있고 돌과 나무로 뒤덮여 있다. 이 소굴의 입구는 물속에 있어서 비버가 출입하는 모습을 물 밖에서는 보기 어렵다.

비버가 댐을 만드는 가장 중요한 이유는 코요테, 늑대, 곰 같

은 포식자를 방어하기 위해서다. 이들 포식자는 물에 접근하지 않거나 물속에 들어오면 움직임이 느려진다. 비버는 물갈퀴와 커다랗고 넓적한 꼬리를 갖고 있어 물속에서 민첩하게 움직일 수 있다. 포식자가 나타나면 비버는 꼬리로 수면을 날카롭게 '탁' 쳐서 경고음을 낸다. 이 소리를 들으면 비버 가족은 모두 소굴로 숨는다. 소굴은 아주 튼튼하게 지어져 곰이 공격해도 끄떡없다.

비버가 댐을 짓는 또 다른 이유는 먹이 자원을 확보하기 위해서다. 비버가 좋아하는 나무는 버드나무, 사시나무, 층층나무, 자작나무 등이다. 이외에도 연못 근처에 있는 칡이나 부들을 선호한다. 비버는 나무의 모든 부위를 다 먹을 수 있는 초식 동물이다. 그렇지만 껍질 바로 아래 있는 층을 특별히 좋아하는데 이 부분에서 단맛이 나기 때문이다.

비버는 연못 주위뿐만 아니라 근처 숲속에서도 먹이를 조달한다. 만약 먹이가 연못에서 멀리 떨어진 숲속 깊숙이 있으면 그곳까지 수로를 만든다. 이런 수로는 숲속 깊숙이 수백 미터나 뻗어 있고, 네트워크처럼 형성되어 있어 숲속 어디에서도 나뭇가지를 가져올 수 있다.

》 댐을 짓는 비버는 《
생태계의 훌륭한 엔지니어

비버가 만든 댐은 생태계에 매우 중요하다. 비버가 만든 댐 안에서는 수십억 톤의 물이 정화된다. 댐 안에 흙이나 영양 물질을 쌓

먹이 그물과 생태계

이게 하고, 가뭄이나 홍수의 피해도 줄여 준다. 댐은 물이 흘러가는 속도를 대폭 줄여 줘서, 침식도 줄이고 산불도 방지할 수 있다.

비버가 만든 댐은 그 지역의 환경을 바꿔 다양한 서식처를 제공한다. 비버가 만든 연못은 보통 상류로 1~2km 뻗어 광범위한 수공간을 조성한다. 연못에서는 다양한 수생 식물이 자라고, 비버의 소굴은 수서 생물의 안전한 피난처가 된다. 또 비버가 나무를 자르면 햇빛이 바닥까지 닿아 햇빛을 좋아하는 나무가 새로 자라기 시작해 숲은 더욱 풍성해진다.

비버처럼 주변 환경과 그 안에 사는 생물들에게 커다란 영향을 미치는 종을 핵심종이라 한다. 실제로 비버를 제거하면 서식지의 질이 떨어지며 많은 생물종이 생존하지 못하거나 그 지역을 떠나야 한다.

인간 외에 유일하게 성숙한 나무를 자를 수 있는 동물은 비버뿐이다. 또 먹이로 소비하는 양보다 훨씬 많은 양의 나무를 제거할 수 있는 동물도 비버뿐이다. 이렇게 경관을 변형시킬 수 있는 비버의 능력은 인간 다음이며, 비버의 서식지는 다른 모든 야생 생물이 살아가는 데 큰 영향을 미친다. 비버는 자신과 다른 많은 생물에게 생활의 터전을 만들어 주는 훌륭한 생태계 엔지니어다.

동물행동학자 ❶ 니콜라스 틴베르헌

생일 축하해, 똥똥아!
자, 이 가운데 하나 골라 봐.
단 기회는 한 번뿐! 절대 바꿀 순 없어.

와!

저는 이거요!

역시 난 네가
가장 큰 걸 고를
줄 알았어.

내 예상에서 벗어나지 않는군.

네?
그게 무슨 말씀이세요?

큰 선물을 고르는 네 행동이 동물들과 비슷해서.

동물들은 대체로 정상보다
크고 강한 자극을 좋아하는데
이런 걸 어려운 용어로
'초정상 자극'이라고 해.

니콜라스 틴베르헌
(1907~1988)

네덜란드 출신 동물학자 니콜라스 틴베르헌은
검은머리물떼새가 자신이 낳은 회색 무늬 푸른
알보다, 검고 진한 둥근 무늬가 있는 커다란 가짜
알을 더 좋아한다는 것을 발견했어.

← 가짜 알

몇몇 새들은 자기 알보다 큰 뻐꾸기 알에
더 관심이 많고, 또 태어난 새끼 가운데 가장
목구멍에서 광택이 나고 입이 큰 뻐꾸기 새끼
에게 더 먹이를 많이 주는 것도 초정상
자극 때문이야.

엄마!

뻐꾸기는 정말 얌체 같아요!

다 본능에 따른 행동인걸.

틴베르헌은 어린 시절부터 바닷가나 호수 주변을 돌아다니면서 바닷새를 관찰하는 걸 좋아했어. 대학을 다닐 때도 공부보다 캠핑을 가거나 스케이트를 타러 가는 걸 더 좋아했지. 아니면 새를 보러 가거나.

대학을 졸업하고 대학에서 강의를 하던 틴베르헌은 콘라트 로렌츠를 만나면서 학문적 동지가 되었지. 이후 두 사람은 동물행동학의 기초를 다지는 데 큰 역할을 했어.

아참, 뭐가 들었나 뜯어 볼래요.

그럼 나는 네가 갖지 않은 상자를 뜯어 볼게.

······

사인볼

뻥튀기

망했다! 아빠, 바꿔요, 바꿔!

이 사인볼은 내 책상에 모셔 놔야지!

2장

동물의
생존 경쟁과 방어

7

나방과 박쥐의
진화 경쟁에서
누가 이길까
?

지난 수천만 년 동안 박쥐는 초음파 소나를 진화시켜 밤하늘의 나방을 사냥해 왔다. 나방은 이에 대응해 귀를 이용해서 박쥐를 탐지하고 방어한다. 나방과 박쥐의 진화 경쟁에서 누가 이길까?

나방은 대부분 독이 없고 단백질이 풍부해서 포식자에게 인기 있는 먹잇감이다. 그 때문에 야행성 동물인데도 낮에 활동하는 포식자들의 공격을 종종 받다 보니 나방은 낮에 시력이 좋은 새들을 피하고자 나무, 낙엽, 돌 틈에서 은폐색을 띠고 가만히 있는다.

무사히 낮을 보낸 나방은 해가 지면 활동을 시작한다. 그러나 어두운 밤도 나방의 안전을 보장하진 않는다. 밤은 날아다니는 곤충을 주로 포식하는 박쥐의 시간이기 때문이다. 박쥐는 초음파를 내보낸 다음 되돌아오는 소리를 분석해 장애물이나 먹이를 탐지하는데, 이것을 '반향 위치 측정'이라고 한다. 이때 박쥐가 사용하는 소리 신호의 주파수가 14kHz에서부터 100kHz에 걸쳐 있어서 '초음파 소나'라고 부른다. 신기하게도 박쥐는 초음파로 물체 탐지는 물론 나방의 종까지 구별해서, 먹을 수 있는 먹이와 그렇지 않은 먹이를 판단할 수 있다. 그래서 박쥐 연구자들은 '박쥐가 초음파로 본다'라고 표현한다.

》박쥐의 초음파에 대항하는《 나방의 회피 행동

그렇다면 박쥐의 포식에 대응하기 위해 나방은 어떤 전략을 사용할까? 초음파도 소리이므로 나방은 귀를 이용해 초음파 소나를 탐지한다. 밤나방의 배 첫 번째 마디에는 고막과 신경 두 개로 구성된 간단한 귀가 있다. 'A1'과 'A2'로 불리는 이 말초 신경은 아주 간단해서 박쥐의 초음파가 있는지 없는지 정도만 파악할 수 있다.

나방은 이런 단순한 청각 신경으로도 초음파를 탐지하고 방어한다. 날아다니다 박쥐의 초음파를 들은 나방은 초음파가 오는 방향으로부터 멀어지는 쪽으로 회피해 비행한다. 그런데 초음파가 아주 가깝게 들리면 나방은 신속하면서도 특이한 행동을 한다. 갑자기 땅으로 뚝 떨어지기도 하고, 소용돌이치거나 아니면 공중제비를 넘는다. 비행경로를 불규칙하게 해서 박쥐의 추적을 따돌리려는 행동이다.

일부 나방은 좀 더 적극적인 방법으로 박쥐의 초음파 소나를 방어한다. 불나방의 경우 가슴에 있는 진동막을 이용해 초음파를 만들어 맞대응한다. 불나방의 초음파 신호는 마우스를 '클릭' 할 때 나는 소리와 비슷해서 '초음파 클릭'이라고 부른다. 나방이 초음파 클릭을 이용해서 박쥐에 대항하는 방법은 크게 두 가지로 알려져 있다. 먼저 자신이 먹이로써 가치가 없음을 포식자에게 경고한다. 불나방은 몸에 독을 갖고 있다. 박쥐가 독이 있는 불나방을 먹으면 쓴맛이 나고, 심할 경우 조직이 파괴되거나 목숨을 잃을 수도 있다. 그래서 몸에 품고 있는 독 때문에 먹이로써 가치가 없음을 초음파 클릭으로 경고하는 것이다.

또 다른 방법은 박쥐의 초음파 소나를 재밍해서 박쥐가 초음파로 나방을 탐지하는 것을 어렵게 만든다. '재밍'은 교란 신호를 내보내 적의 통신을 방해하는 일을 뜻한다. 주로 독이 없는 나방이 복잡한 신호를 내보내 박쥐의 초음파를 교란해 공격에서 벗어난다. 그래서 박쥐는 나방의 근처까지 추적해 놓고도 화려한 초음

동물의 생존 경쟁과 방어

초음파 탐지기

초음파 재밍

초음파 기구

초음파 발생기 (진동막)

스텔스 기술

초음파 변환기

파 클릭이나 재밍 때문에 번번이 나방을 놓치곤 한다.

나방의 이런 방어 전략에 박쥐는 어떻게 대응할까? 박쥐는 초음파 소나를 더욱더 정교하게 사용해 맞선다. 박쥐는 주파수 영역이나 초음파 진동수를 변화시켜 회피하는 나방을 잡으려고 한다. 나방의 청각은 30~50kHz 주파수에 가장 민감하고, 대부분의 박쥐가 이 주파수 영역의 초음파 소나를 이용한다. 일부 박쥐는 자기가 낼 수 있는 대역의 초음파 주파수를 사용하는 대신 나방이 잘 듣지 못하는 주파수 대역을 주로 사용한다. 즉 30kHz보다 더 낮게 만들거나, 50kHz보다 훨씬 높게 소리를 낸다. 그러면 나방이 박쥐의 초음파 소나를 잘 듣지 못하게 되고, 박쥐는 이런 나방을 잡아먹는다.

일부 박쥐는 초음파 소나의 세기를 아주 많이 낮춰 조용하게 접근하기도 한다. 스텔스 박쥐라고 불리는 바르바스텔라박쥐는 보통 박쥐보다 초음파 소나의 세기가 10~100배 낮다. 너무 조용해서 나방이 박쥐를 탐지할 수 있는 거리가 아주 좁아진다. 나방이 이 스텔스 박쥐의 초음파 소나를 들었을 때는 이미 박쥐가 나방 가까이에 접근해 있는 상태다. 물론 초음파의 세기가 낮으면 박쥐가 탐지할 수 있는 범위도 줄어든다. 그렇지만 일단 탐지가 되면, 나방이 회피 행동을 사용하기도 전에 잡아먹을 수 있다.

》 끊임없는 진화를 통해 《
전략을 수립하는 박쥐와 나방

박쥐가 밤하늘을 장악한 지난 6,500만 년 동안 나방과 박쥐는 공진화하면서 경쟁을 지속해 왔다. 박쥐는 어두운 밤하늘을 능수능란하게 비행할 뿐만 아니라, 초음파 소나를 개발해 날아다니는 나방을 추적해 잡아먹을 수 있게 됐다. 반면 나방은 고막과 청각 신경을 개발해 박쥐의 초음파 소나를 탐지하고, 급격한 회피 동작으로 박쥐의 공격을 약화시켰다. 그러자 박쥐는 다시 초음파 소나의 주파수 대역이나 세기를 변화시켜 나방의 방어 전략을 뚫으려고 한다. 또 우리가 아직 모르는 박쥐의 공격법과 나방의 또 다른 방어법이 있을 수도 있다. 나방과 박쥐는 경쟁을 하면서 끊임없이 진화하고 있다. 만약 어느 한쪽이 전진하지 않으면 곧 경쟁에서 뒤처지고 말 것이다.

　나방과 박쥐의 진화 경쟁은 미국의 생물학자 리 밴 베일런의 '붉은 여왕 가설'을 떠오르게 한다. 이 가설은 영국의 동화 작가 루이스 캐럴이 쓴 『거울 나라의 앨리스』의 한 장면에 바탕을 두고 있다. 앨리스는 체스 게임의 붉은여왕과 손을 잡고 미친 듯이 달린다. 이때 앨리스가 이렇게 말한다. "그런데 붉은여왕님, 정말 이상하네요. 지금 우리는 아주 빨리 달리고 있는데, 주변의 경치는 조금도 변하지 않아요." 여왕이 대답한다. "제자리에 남아 있고 싶으면 죽어라 달려야 해." 전진하지 않으면 곧 뒤처진다. 경쟁에서 도태되지 않으려면, 아니 제자리에 남아 있으려면 주변보다 더 빨리 달려야 한다.

8

사막 메뚜기는 왜 대발생할까?

사막메뚜기는 아프리카, 중동, 인도까지 광범위하게 분포한다. 평소에는 평화롭게 풀을 뜯어 먹고 살지만, 대발생을 하면 재앙을 가져온다. 가장 최근의 대발생은 2003~2005년 북서아프리카의 네 지역에서 시작되었다. 네 무리 중 한 무리는 폭이 150m, 길이가 무려 230km에 이르렀고, 690억 마리에 달하는 사막메뚜기를 포함하고 있는 것으로 추정되었다. 그런데 사막메뚜기는 왜 대발생할까?

메뚜기는 지금으로부터 2억 5천만 년 전인 중생대 초기에 진화한 곤충이다. 그 당시 다른 곤충과는 달리 메뚜기는 처음으로 식물의 잎을 씹을 수 있는 입의 구조를 가지게 되었다. 식물의 잎은 광합성을 하는 부분으로 대체로 영양분도 충분하고, 먹기도 좋다. 물론 열매에 더 많은 영양분이 있지만, 식물의 잎은 훨씬 대량으로 비교적 오랫동안 존재한다. 그러므로 식물의 잎을 주식으로 하면 많은 양의 먹이를 확보하게 되는 셈이다. 메뚜기목의 곤충은 이런 풍부한 먹이 자원을 바탕으로 번성했다.

사막메뚜기는 주로 혼자 사는 단서형이다. 포식자의 눈에 띄지 않게 하려고 은폐색인 녹색이나 갈색을 띤다. 단서형 사막메뚜기는 천천히 움직이며 다른 개체와 마주치면 서로 피하고 흩어진다. 같은 식물에 메뚜기가 여러 마리 있으면 그만큼 먹이를 두고 경쟁을 해야 하기 때문이다. 혼자 살다 먹이가 부족해지면 근처에 있는 새로운 먹이를 찾아 이동한다. 이런 단서형 사막메뚜기는 비행 근육이 발달하지 않아 멀리 날아가진 못한다. 우리나라에서 볼 수 있는 보통 메뚜기와 행동이나 생태에 큰 차이가 없다.

》 단서형과 군서형 사이 《 변신하는 사막메뚜기

그럼 사막메뚜기는 어떻게 거대한 무리를 형성할까? 사막메뚜기는 주로 건조한 지역에 살기 때문에 충분한 양의 식물이 존재하지 않는다. 그런데 이런 건조한 지역에 적당한 양의 비가 내리면 식물들이 잘 자라고, 메뚜기들이 흙 속에 낳은 알들이 발육하기 좋은 환경이 된다. 이런 조건에서 사막메뚜기의 수는 폭발적으로 늘어난다. 이 때문에 메뚜기들은 같은 식물을 두고 서로 경쟁하면서 자주 부딪친다. 메뚜기는 높이 뛰기 위한 근육이 발달한 넓적다리를 갖고 있다. 그런데 수가 너무 늘어나 다른 개체의 넓적다리와 서로 마찰하게 되면 사막메뚜기들에게 형태적으로, 생리적으로, 행동적으로 놀라운 변화가 일어난다.

가장 중요한 변화는 사막메뚜기의 행동에서 일어난다. 서로 뭉쳐서 몰려다니기 좋아하는 군서형 사막메뚜기로 탈바꿈하는 것이다. 몸빛도 눈에 띄는 노란색과 검은색으로 바뀐다. 식성도 바뀌어서 먹기 좋은 식물 잎만 골라 먹다가 독이 있어 꺼리는 식물도 주저하지 않고 먹게 된다.

동물처럼 이동할 수 없는 식물은 초식 동물에 대한 방어 수단으로 화합물을 이용한다. 식물의 방어 화합물 중 하나인 알칼로이드는 쓴맛이 나며 불쾌한 냄새가 난다. 우리에게 잘 알려진 알칼로이드 물질에는 카페인, 니코틴, 모르핀, 퀴닌 등이 있다. 보통 단서형 사막메뚜기는 이런 알칼로이드가 있는 식물을 피하는데 군서형 사막메뚜기는 알칼로이드가 있는 식물도 섭취한다. 이런 알칼로이드 때문에 사막메뚜기는 독을 가지게 되고, 따라서 포식자들이 싫어하는 맛을 가지게 된다. 군서형 사막메뚜기의 화려하고 뚜렷한 무늬는 잠재적인 포식자에게 독으로 무장하고 있음을 경고하는 것이다.

군서형 사막메뚜기의 또 다른 특징은 날개가 길어지고 비행 근육이 발달해 장거리 이주가 가능하게 된다는 점이다. 심지어 기류를 타고 바다를 건너기도 한다. 1988년에는 사막메뚜기들이 서아프리카에서 대서양을 건너 카리브해에 있는 서인도 제도까지 무려 5,000km를 비행하기도 했다.

군서형 사막메뚜기는 단서형에 비해 아무 음식이나 잘 먹고, 포식자 방어도 뛰어나며, 장거리 이주도 가능하다. 그런데 사막메뚜기는 왜 항상 군서형으로 존재하지 않을까? 동물들은 한정된 에너지를 이용해 생존과 번식에 두루 신경 써야 한다. 군서형 사막메뚜기는 방어 화합물을 갖추고, 긴 날개와 비행 근육을 발달시키는 데 많은 에너지를 소비한다. 그래서 군서형 암컷은 단서형

암컷보다 12~50% 정도 적게 알을 낳는다. 단서형 사막메뚜기는 방어에 들어가는 비용을 최소화하면서 짧은 거리만 움직이는 대신 번식력을 최대화했다.

》 곤충의 성공은 환경에 따라 《
형태와 행동을 바꿀 수 있는 능력 때문

사막메뚜기는 일생 중에 단서형에서 군서형으로 아니면 군서형에서 단서형으로 형태와 행동을 완전히 변신할 수 있는 능력을 갖추고 있다. 이런 능력은 거의 모든 곤충에게 찾아볼 수 있다. 곤충은 보통 성장할 때와 번식할 때 완전히 다른 형태, 먹이, 행동을 보인다. 애벌레와 나비처럼 같은 종인지 의심할 정도로 디르디. 곤충은 이렇게 성장 단계, 밀도, 계절 또는 먹이에 따라 서로 다른 형태와 행동을 보여 준다. 주로 환경이 좋을 때는 번식에 치중하고, 환경이 나쁠 때는 방어와 이주에 치중하는 형태를 발달시킨다. 환경에 따라 형태와 행동을 바꿀 수 있는 곤충은 오늘날 모든 생물종의 절반 이상을 차지할 정도로 지구상에서 가장 성공적인 생명체가 되었다.

9

두꺼비는 정말 은혜를 갚았을까?

두꺼비 하면 『은혜 갚은 두꺼비』라는 전래동화가 떠오른다. 이 동화에서 두꺼비는 은혜 입은 소녀를 돕기 위해 무시무시한 지네를 물리치지만, 결국 지네의 독으로 죽게 된다. 두꺼비는 제물이 될 뻔한 소녀를 구해 은혜를 갚고, 마을에 평안을 가져온다. 이 내용은 과학적으로 타당할까?

우리 조상들은 『은혜 갚은 두꺼비』에서 두꺼비가 어떻게 지네를 죽이고 은혜를 갚을 수 있었다고 생각했을까? 겨울이 끝나고 초봄이 오면 계곡산개구리, 도롱뇽, 두꺼비 같은 양서류들은 번식을 위해 알을 낳는다. 양서류의 알은 크고, 영양분이 많고, 게다가 움직이지 못한다. 그래서 양서류 알을 노리는 포식자가 많다. 이들 중 가장 무서운 포식자는 물고기다. 반드시 물에서 커야 하는 양서류의 알이나 올챙이는 물고기의 쉬운 먹잇감이다. 그래서 대부분 양서류는 어류 포식자가 없는 옹달샘, 논 같은 습지, 흐르는 계곡물에 알을 낳는다.

그런데 두꺼비는 예외이다. 두꺼비는 대담하게도 물고기가 득실거리는 연못이나 저수지에 산란한다. 잉어, 블루길, 큰입배스 같은 물고기는 두꺼비 알을 단숨에 삼킬 수 있다. 도대체 이렇게 무서운 어류 포식자를 무시하면서 산란을 할 수 있는 두꺼비의 무모함은 어디서 오는 걸까?

》 독을 갖고 있으니 《
건들지 마

두꺼비의 무모함에 대한 힌트는 예전에 대전에서 일어난 사망 사고에서 찾을 수 있다. 황소개구리 매운탕을 먹은 일행 세 명 중 한 명이 구토 증세를 일으켜 병원으로 옮겼으나 사망했다. 알고 보니 이들이 먹은 개구리 중 한 마리가 두꺼비로 밝혀졌다. 두꺼비는 눈 뒤에 있는 독샘에서 '부포테닌'이라는 독소를 분비한다. 사람

동물의 생존 경쟁과 방어

들이 괴롭히거나 포식자에게 위협을 당하면 두꺼비는 독샘에서 하얀 독을 분비한다. 독은 두꺼비 성체뿐만 아니라 알이나 올챙이에도 있다. 실제 독이 있는 두꺼비의 알을 먹고 물고기가 죽기도 한다.

독으로 무장한 두꺼비 올챙이에게는 색다른 고민이 있다. 물고기가 두꺼비 올챙이라는 걸 몰라보고 실수로 잡아먹을 수 있다는 것이다. 물고기는 자신의 실수로 기분 나쁜 경험을 하지만 올챙이 처지에서 보면 물고기의 사소한 실수가 곧 죽음을 뜻한다. 그래서 두꺼비 올챙이는 물고기에게 '나는 두꺼비 올챙이야! 혼동하지 마!'라고 분명하게 경고를 보내야 한다.

대부분의 경고는 화려한 무늬나 색을 사용하면 보다 효과적으로 전달할 수 있다. 두꺼비 올챙이의 몸빛은 유난히 검다. 검은색을 화려한 색이라고 하기는 어렵지만 혼탁한 물속에서는 검은색이 눈에 잘 띈다. 두꺼비 올챙이들은 잠재적인 어류 포식자에 대한 경고 신호를 하나 더 갖고 있다. 고속도로에 있는 교통 신호는 클수록 눈에 잘 띈다. 마찬가지로 두꺼비 올챙이들도 신호를 크게 만들어 경고를 보내는데, 이 방법이 바로 무리 생활이다. 물에서 서로 뭉쳐 이동하는 두꺼비 올챙이 무리를 보면 먹구름이 연상된다.

두꺼비 올챙이들은 포식자 방어를 위해 독으로 무장하고 있고, 이를 포식자에게 알리기 위해 행동을 모두 똑같이 한다. 하지만 안타깝게도 이런 동기화한 행동 때문에 매년 끔찍한 재난을 겪는다. 올챙이에서 변태한 어린 두꺼비는 육상 생활을 하기 위해 먼저 산으로 이주한다. 이때 어린 두꺼비들은 올챙이 때처럼 짧은 기간 동안 집중적으로 무리를 지어 이주한다. 그런데 두꺼비들의 이주 경로에 자동차 도로가 있으면 어린 두꺼비들은 한꺼번에 떼 죽음을 당한다.

》 독충을 잡아먹으며 《
독을 만드는 두꺼비

그럼 전래동화에서는 두꺼비가 왜 은혜를 갚았다고 표현했을까? 보통 개구리는 축축한 피부를 유지하기 위해 습지 근처에서 산다. 반면 두꺼비의 피부는 건조하고 두툼하다. 그래서 두꺼비는 사람들이 사는 농가 근처에서 활동하면서 지네, 그리마, 집게벌레 같은 독충을 잡아먹는다. 동물들은 스스로 독의 원료를 생산할 수 없기 때문에 선택적으로 독이 있는 먹이를 골라 먹어야 한다. 두꺼비도 독충을 잡아먹어야 부포테닌을 생산할 수 있다.

어두운 부엌 구석이나 장독대 밑에는 어김없이 독을 품은 독충들이 숨어 있다. 특히 그런 곳에서 일하는 여성들이 지네나 집게벌레에게 피해를 보았다고 추측할 수 있다. 독의 치사량은 피해자의 몸무게와 관련이 있다. 몸무게가 많이 나갈수록 독에 더 잘버틸 수 있으므로 상대적으로 몸집이 작은 소녀들이 독충에게 더많은 피해를 보았을 것이다. 못생겼지만 우직한 두꺼비는 집안을 돌아다니면서 이런 괴물 같은 독충을 잡아먹는다. 잘못하면 독충

에 물려 예쁜 딸아이가 고생할 수도 있는데 두꺼비가 그런 독충을
잡아먹으니, 우리 조상들은 두꺼비를 고마운 존재라 생각하지 않
았을까. 그리고 두꺼비가 은혜를 갚았다고 치켜세우지 않았을까.

10

신천옹은 왜 오래 살까?

신천옹(앨버트로스)은 동물 세계에서 여러 가지 놀라운 기록을 가진 새다. 전 세계 22종의 신천옹 중 하나인 나그네신천옹은 46일 동안 무려 16,000km를 비행한 기록이 있다. 또 일 년 동안 지구를 3바퀴나 돌면서 120,000km를 비행하기도 했다. 놀랍게도 이 기간 내내 신천옹은 땅에는 한 번도 발을 디디지 않고 바다에서만 지냈다. 이 밖에 또 어떤 기록을 갖고 있을까?

신천옹은 비행할 수 있는 새 가운데 몸무게가 상당히 무거운 편에 속한다. 또 날개폭이 가장 큰 새로도 알려져 있다. 나그네신천옹이나 남로열신천옹은 날개의 길이가 평균 3m가 넘고, 가장 긴 놈은 3.7m에 달한다. 날개는 매우 길지만, 날개의 앞뒤 폭은 매우 좁다. 이런 신천옹의 날개를 보면 장거리 비행이 가능한 글라이더가 떠오른다.

신천옹이 가진 가장 놀라운 기록은 수명이다. 이름이 '지혜(wisdom)'라고 알려진 레이산신천옹은 현재 살아 있는 모든 새 가운데 가장 나이가 많은 새다. 2002년 조류학자인 챈들러 로빈스가 태평양에 있는 미드웨이 아톨 국립야생보호구역에 가서 모니터링을 위해 지혜에게 달아 놓은 고리를 교체했다. 원래 이 고리

는 챈들러가 1956년에 알을 품고 있던 지혜에게 처음 단 것이었다. 보통 신천옹은 5세 정도가 되어야 처음 번식을 시작하므로 이당시 지혜의 나이는 적어도 5세가 넘었다. 그러면 지혜는 2022년에 적어도 71세인 셈이다. 지혜는 2020년에도 알을 낳아 번식했다고 한다.

》 위험이 낮은 환경에 사는 동물이 《 오래 산다

신천옹처럼 장수하는 동물에게 나타나는 일반적인 특징은 바로 몸무게가 많이 나간다는 점이다. 동물은 대개 몸무게가 늘어날수록 수명도 늘어난다. 그런데 같은 몸무게를 갖고 있으면서도 수명에 큰 차이가 나기도 한다. 집쥐는 보통 2, 3년 정도 살지만, 같은 설치류면서 비슷한 몸무게를 가진 벌거숭이두더지쥐는 무려 30년이 넘게 산다. 왜 이런 차이가 날까?

생명체의 수명은 크게 외인성 사망 요인과 내인성 사망 요인으로 결정된다. '외인성 사망 요인'은 사망의 원인이 생명체의 외부에 있다. 포식자에게 잡아먹히거나, 질병에 걸리거나, 사고로 사망하는 경우다. 이에 비해 '내인성 사망 요인'은 노화 같은 생명체 내부에서 사망 원인이 유래한다. 노화는 신체 내의 분자나 세포에 손상이 축적되는 현상이다. 그런데 외인성 사망 요인과 노화는 서로 연결되어 있다. 다시 말해 노화와 수명은 생명체가 사는 환경의 외인성 사망 요인에 따라 결정된다는 것이다.

동물의 생존 경쟁과 방어

언제 죽을지 모르는 상황에서 살아가는 생명체는 수명을 연장하는 데 자원을 투자하는 것이 무의미하다. 그러므로 외인성 사망률이 높으면 동물은 빨리 많은 수의 자손을 남기는 것이 유리하다. 이에 비해 외인성 사망률이 낮다면 가능하면 오래 살면서 번식을 하는 것이 유리하다. 이 경우에는 면역 체계를 발달시키거나, 세포질 속에서 단백질을 생산하는 리보솜의 정확도를 높이거나, 아니면 아주 안정적인 단백질을 만드는 방법으로, 즉 노화를 억제하며 오래 사는 것이 번식에 유리하다.

》 진정한 방랑자이자 《
장수의 기쁨까지

그렇다면 수명을 길게 할 수 있는 위험이 낮은 환경은 어떠한 경우일까? 비행 능력은 그 어떤 생태적 요인보다 수명을 획기적으로 늘린다. 비행하는 동물은 그렇지 않은 동물보다 훨씬 쉽게 위험을 피할 수 있다. 같은 몸무게의 조류와 포유류를 비교해 보면 조류가 포유류보다 훨씬 오래 산다. 박쥐는 포유류이지만 비행할 수 있다. 그래서 같은 몸무게의 생쥐는 겨우 1년을 살기 힘들지만, 박쥐는 수십 년을 살 수 있다.

같은 이유로 방어가 발달한 동물도 수명이 길다. 대표적인 예가 거북이와 고슴도치다. 벌, 개미 또는 흰개미와 같이 대규모 무리를 짓고 사는 사회성 곤충 가운데 번식을 담당하는 개체(여왕벌, 여왕개미, 여왕흰개미)는 위험으로부터 비교적 격리되어 있다. 그래서 무리의 대다수를 차지하고 있는 일벌은 동면하지 않으면 대부분 두 달을 넘기지 못하지만, 여왕벌은 5년까지도 살 수 있다. 극단적으로 위험 요인을 제거한 경우는 동물원에 사는 동물이다. 동물원의 동물들은 야생에 사는 동물보다 수명이 훨씬 길다.

신천옹은 진정한 방랑자이다. 그 누구보다 더 멀리, 더 오래 날며 남극의 망망대해를 여행한다. 신천옹이 진정한 방랑자로 살 수 있는 이유는 커다란 몸과 긴 날개 덕분이다. 또 신천옹의 커다란 몸집과 주로 바다에서 비행하며 살아가는 생활 방식은 위험 요인을 획기적으로 낮추었다. 그 부수 효과로 신천옹은 장수의 기쁨도 같이 누리고 있다.

11

타조는 정말 멍청할까?

타조의 세계는 무엇이든지 크다. 타조의 키는 보통 2.1m를 훌쩍 넘고, 몸무게는 110kg이 넘는다. 타조 알은 무려 1.5kg으로, 달걀 한 판을 다합한 무게이다. 거대함은 종종 경탄을 자아내지만, 막상 우리가 가진 타조에 대한 인상은 부정적이다. 포식자가 공격하면 타조는 머리를 모래에 묻는데, 보이지 않으면 안전한 것으로 여기기 때문이라고 추측한다. 정말 그럴까?

우리는 흔히 타조는 눈앞에 보이지 않으면 포식자가 사라진 것이라 생각할 정도로 어리석고 멍청한 새라 여기곤 한다. 타조의 비행 능력도 이런 선입견에 도움을 준다. 보통 땅에 알을 낳는 새는 주변과 비슷한 갈색 알을 낳는 반면 이상하게도 타조는 커다란 크림색 알을 낳는다. 멀리서도 포식자의 눈에 띄기에 십상이다. 그뿐만 아니라 알을 무더기로 낳아 놓고 처음 2주는 거의 돌보지도 않는다. 이런 행동만 놓고 보면 타조는 무책임한 부모처럼 보인다.

타조는 사하라 사막 이남, 풀이 무성한 사바나 지역이나 건조한 지역에 산다. 타조는 번식기가 되면 한 마리의 수컷과 여러 마리의 암컷으로 구성된 무리를 형성한다. 먼저 수컷이 땅을 움푹하게 파 둥지를 만들면, 암컷들은 둥지에 알을 낳는다. 첫 번째로 알을 낳는 암컷을 메이저라 하고, 그다음에 알을 낳는 암컷들을 마이너라 한다. 암컷 여러 마리가 둥지에 알을 낳지만, 알을 품고 부화시키는 타조는 수컷과 메이저 암컷뿐이다. 마이너 암컷들은 남의 둥지에 알을 낳는데 이런 행동을 '탁란'이라 한다. 그런데 왜 수컷과 메이저 암컷은 마이너 암컷들이 둥지에 알을 낳는 것을 허용할까?

메이저 암컷이 탁란을 허용하는 이유는 마이너 암컷들이 필요하기 때문이다. 타조가 사는 지역은 하이에나, 사자, 이집트대머리독수리 같은 무시무시한 포식자들이 있다. 타조는 큰 키와 뛰어난 시력을 이용해 포식자를 발견하고 도망가지만, 먹이를 먹을 때는 고개를 숙여 땅을 보아야 한다. 이때 시야가 상당히 제한되어 멀리서 다가오는 포식자를 발견할 수 없다. 먹이를 먹는 시간이 많이 필요한 타조에게 치명적이다. 이런 문제는 타조의 수가 많아지면 해결된다. 수가 많으면 누군가는 고개를 들고 망을 보기 때문이다. 탁란은 수컷과 메이저 암컷이 큰 무리를 유지하기 위한 비용이다.

메이저 암컷은 보통 12개 정도의 알을 낳는다. 암컷들이 모두 알을 낳으면 둥지는 무려 40여 개의 알로 가득하다. 그런데 수컷과 메이저 암컷이 성공적으로 품을 수 있는 알은 20개 정도다. 메이저 암컷은 품기 어려운 알들을 둥지 가장자리로 밀쳐 낸다. 메이저 암컷은 둥지 가운데에 가장 먼저 알을 낳았기 때문에 버려지는 알들은 마이너 암컷들의 알일 확률이 높다. 수컷과 메이저 암컷은 탁란을 허용하지만 이런 행동이 실제 자신들의 알에게 피해를 주지 않으며, 포식자들에게 빼앗길 확률도 높지 않다.

타조 알이 크림색인 것도 다 이유가 있다. 타조는 지상의 노출된 곳에 알을 낳는데 이런 장소는 햇빛을 그대로 받는다. 타조 알은 부화할 때 내부의 온도가 37.5℃가 넘어가면 치명적이다. 연구자들이 타조의 알에 위장색인 갈색과 하얀색을 칠하고 아무 색도 칠하지 않은 알과 같이 햇빛 아래 놓고 온도를 측정했다. 하얀색이나 크림색 알은 내부 온도가 37.5℃를 절대 넘어가지 않았지만, 갈색으로 칠한 알은 40℃ 가까이 올라갔다. 크림색은 햇빛 아래서 알 온도를 낮추기 위해 꼭 필요한 것이다.

타조는 축 늘어지고 긴 장식깃털을 갖고 있다. 포식자가 접근하면 타조는 이 장식깃털을 이용해 둥지를 둘러싸고 다리와 머리를 감추는데, 장식깃털의 검은색이나 회갈색이 아주 이상적인 위장 효과를 낸다. 타조는 위험이 보이지 않으면 안전하다고 생각해 머리를 모래에 묻는 것이 아니라 위장 효과를 극대화하기 위해 눈에 잘 띄는 다리와 머리를 장식깃털 아래로 감추는 행동을 한다. 우리가 잘못 이해한 것뿐이다.

》 타조는 절대 멍청하지 않으며 《 훌륭한 부모이다

타조는 날 수는 없지만 위급할 경우 무려 시속 70km의 속도로 달릴 수 있다. 강력한 다리와 아주 유연한 무릎을 갖고 있어서 지구전에도 강하다. 만약 포식자에게 발견되면 타조는 아주 날카롭고 강력한 발톱으로 대응한다. 타조의 공격은 심지어 사자에게도 치명상을 준다. 특히 둥지를 지키는 타조는 상대가 누구라도 용감하게 방어한다. 타조는 여느 새와 마찬가지로 자식을 잘 돌보는 훌륭한 부모다.

우리는 상대방을 이해하지 않으려고 하면 오해의 절벽에 빠지기 쉽다. 타조는 수천만 년 동안 아프리카에서 번성하며 살고 있다. 이들은 비행 능력을 포기했지만 지상 생활에 훌륭히 적응했다. 인간의 간섭이 없다면 타조는 앞으로도 잘 살 수 있다. 타조의 생활방식을 조금만 이해하려고 하면 타조에 대한 오해는 놀라움과 경탄으로 바뀔 것이다.

동물의 생존 경쟁과 방어

12

기린은 왜 목이 길까?

기린은 왜 목이 길까? 이 질문은 과학자들에게도 많은 관심을 불러일으켰다. 근대의 생물학자들은 목이 긴 이유가 다른 초식 동물과의 경쟁에서 유리해지기 위해서라고 주장했고, 이 경쟁 가설은 진화의 메커니즘을 설명하는 예로 자주 등장했다. 그런데 이 경쟁 가설은 실험적으로 검증된 것일까?

기린은 아프리카의 사바나에서 사는 초식 동물이다. 육상동물 중 가장 큰 키와 긴 목 때문에 항상 사람들의 관심을 받아 왔다. 기린의 키는 보통 4.3~5.6m에 목의 길이만 2m가 넘는다. 갓 태어난 새끼도 사람보다 키가 크다. 큰 키는 여러 장점을 제공하는데, 사바나에 건기가 지속되면 풀은 금방 말라 버리고, 낮은 위치에 있는 나뭇잎도 다른 초식 동물에 의해 쉽게 사라진다. 이때 기린은 다른 초식 동물이 넘볼 수 없는 높이 달린 나뭇잎을 먹을 수 있다. 큰 키는 망을 보는 데도 유리하다. 게다가 기린은 시력도 좋고, 항상 경계심을 늦추지 않는다. 그래서 얼룩말은 기린 근처에 있다가 기린이 도망가면 재빨리 같이 도망간다.

큰 키가 항상 장점은 아니다. 기린이 가장 위태로워 보이는 순간은 물을 마실 때다. 기린은 목도 길지만 다리도 엄청 길어서 똑바로 서면 머리가 지면까지 내려오지 않는다. 따라서 물을 마시려면 앞다리를 좌우로 벌리거나, 무릎을 꿇어야 한다. 이런 자세는 아주 부자연스러워서 갑작스러운 포식자의 공격에 매우 취약하다. 기린에게 가장 위험한 포식자는 사자와 악어다. 물속에 잠복해 있는 악어는 기린이 어정쩡한 자세에서 빠르게 도망가기 어렵다는 것을 잘 알고 있다. 이런 위험 때문에 기린은 수분을 대부분 음식에서 섭취하고, 물은 며칠에 한 번씩 마신다.

기린의 긴 목이 다른 초식 동물과의 경쟁의 결과라는 가설을 실험적으로 처음 증명한 연구자는 남아프리카 공화국의 엘리사 캐머런과 미국의 조핸 뒤투아다. 이들은 나무에 울타리를 쳐서 기

동물의 생존 경쟁과 방어

린과 다른 키가 작은 초식 동물의 경쟁을 실험했다. 남아프리카 공화국의 크루거 국립공원에는 나뭇잎을 먹고 사는 초식 동물이 여러 종 있다. 초식 동물은 크기에 따라 나뭇잎을 공략하는 높이가 다르다. 스틴복영양이나 임팔라는 1m 아래, 얼룩영양은 2m 아래이다. 기린은 어떤 높이의 나뭇잎도 먹을 수 있지만 주로 2~4m 높이의 나뭇잎을 선호한다.

》 기린의 긴 목은 《
먹이 경쟁에서 유리

연구자들은 초식 동물들이 모두 좋아하는 아카시아나무 둘레에 2.2m 높이의 울타리를 쳐 놓고, 근처에 있는 울타리가 없는 아카시아나무와 비교했다. 울타리가 없는 아카시아나무에서는 다양한 크기의 초식 동물들이 경쟁한다. 만약 경쟁 가설이 맞다면 기린은 낮은 높이에서는 키가 작은 초식 동물에게 밀리기 때문에 나무의 높은 위치에서 주로 먹어야 한다. 그렇지만 울타리가 있는 아카시아나무에서는 키가 작은 초식 동물의 방해가 없으므로 아무 높이에서나 나뭇잎을 먹어야 한다.

1년 9개월에 걸쳐 진행된 연구에서 나뭇잎을 먹은 정도를 1m, 2.5m, 4m 높이에서 비교했다. 그 결과 울타리가 없는 아카시아나무는 2.5m 높이 이하에서 경쟁이 심했지만, 울타리가 있는 아카시아나무는 어느 높이의 나뭇잎도 기린이 먹을 수 있었다. 즉 경쟁이 없으면 기린은 높이에 상관없이 골고루 나뭇잎을 먹은 반면 경쟁이 있으면 경쟁에 밀려 나무 아랫부분에 있는 나뭇잎은 먹기 어렵다는 것을 보여 준다.

　　기린은 긴 목을 사용해 나무의 낮은 곳부터 꼭대기까지 다 접근할 수 있다. 그런데 낮은 높이에서는 왜 다른 초식 동물에게 밀릴까? 작은 초식 동물은 대사 활동이 빨라 필수 영양소를 빠르게 확보해야 한다. 그래서 작은 초식 동물이 큰 초식 동물보다 식성이 훨씬 까다롭다. 반면 덩치가 큰 초식 동물은 상대적으로 대사 활동이 느려서 천천히 소화해도 필요한 영양분을 확보할 수 있다. 그 결과 작은 초식 동물은 상대적으로 고영양가의 잎을 작고 민첩한 이와 혀를 이용해 골라 먹는다. 하지만 기린은 45cm나 되는 긴 혀로 영양가 높은 특정한 식물 부위를 골라 먹기 어렵다. 그 대신 커다란 혀로 잎을 잔뜩 먹고, 커다란 위에서 천천히 소화한다.

　　한 지역의 같은 먹이 자원을 이용하는 초식 동물들을 비교해 보면 몸 크기에서 차이가 난다. 작은 초식 동물은 민첩하게 고영양가 식물 부위를 먹고, 큰 초식 동물은 남아 있는 먹이를 모두 먹어 치운다. 경쟁자보다 몸무게가 몇 배나 나가는 기린은 언제든지 먹이 자원에서 경쟁자를 내쫓을 수 있지만 커다란 몸집 덕분에 다른 초식 동물이 꺼리는 먹이도 먹을 수 있고, 긴 목을 이용해 높은 곳에 있는 먹이를 먹을 수도 있다. 몸 크기 차이로 인한 차별적인 식성은 동시에 크고 작은 여러 동물이 한 장소에 공존하는 원리이다.

13

나무늘보는 정말 게으를까?

우리는 게으르고 나태한 사람을 종종 늘보라 하는데, 중남미 열대우림에 사는 나무늘보를 보면 이 표현이 딱 어울린다. 나무늘보는 그 어느 행동 하나 빠릿빠릿한 게 없다. 나무늘보를 영어로 'sloth'라고 하는데 '나태'란 뜻이다. 나무늘보는 정말 게으른 걸까?

나무늘보는 나무에서 살아간다. 하루에 보통 16시간 이상 나뭇가지에 거꾸로 매달려 잠만 잔다. 하도 움직이지 않아서 덥수룩한 털에서 곰팡이가 자라기도 한다. 나무늘보는 일주일에 한 번씩 배설하는데, 잘 연출된 의식에 가깝다. 아주 천천히 조심조심 나무 아래로 내려와서 조용히 배설하고 다시 나무 위로 천천히 올라간다. 그냥 나무 위에서 아래로 배설물을 떨어뜨릴 수도 있는데 말이다.

나무늘보가 속해 있는 포유류는 조류와 더불어 동물 중에서 빠른 삶을 산다. 사람이 대표적인 예로, 우리는 빠르게 움직여 먹이를 쫓고, 포식자를 피한다. 포유동물이 재빨리 움직이는 원동력은 높은 체온을 일정하게 유지하는 덕분이다. 동물의 움직임은 근육을 바탕으로 하고, 근육 안에서 효소의 반응은 온도와 비례한다. 그래서 높은 체온은 빠른 근육 활동, 낮은 체온은 느린 근육 활동을 뜻한다.

높은 체온을 일정하게 유지하는 것에 장점만 있지 않다. 포유류와 조류는 이를 위해 엄청난 비용을 치른다. 높은 체온은 소화 기관에서 음식을 태워 생기는 열로 유지한다. 그러므로 포유류와 조류는 음식이라는 땔감을 확보하기 위해 정기적으로 식사를 해야 한다. 높은 체온을 유지할 만한 식사를 할 수 없으면, 체온을 끄고 동면을 하거나 따뜻한 곳을 찾아 이주해야 한다. 동면이나 이주는 먹이가 별로 없는 추운 겨울을 피하는 생존 방법이다.

» 먹는 양을 줄이기 위해 《
느린 삶을 택한 나무늘보

나무늘보도 포유류이므로 체온을 일정하게 유지하기 위해 식사를 자주 많이 해야 한다. 나무늘보의 식사 메뉴는 주로 식물의 잎인데, 식물의 잎에는 포유류가 흡수할 수 있는 영양 성분이 많지 않다. 그래서 잎을 주로 먹는 포유동물은 대량으로 먹어야 한다. 소나 양을 보면 깨어 있는 시간 대부분을 먹이를 먹거나 소화하는 데 할애한다. 나무늘보도 대량의 식사를 하려면 부지런히 잎을 먹어야 하고, 양질의 잎을 찾아 나무에서 나무로 이동해야 한다. 그런데 이렇게 활동이 많은 초식 동물은 포식자의 눈에 쉽게 띈다. 날개 길이가 2m인 관모독수리나 재규어가 나무늘보를 노린다. 이 포식자들은 먹잇감의 움직임을 포착해 빠른 속도로 쫓는다.

　나무늘보는 진퇴양난의 궁지에 몰렸다. 높은 체온을 유지하려면 많이 움직여서 대량의 식사를 해야 한다. 그런데 활동이 많아지면 포식자의 눈에 쉽게 띈다. 여기서 나무늘보가 선택한 생존 전략은 천천히 사는 삶이다. 천천히 살기 위해 해야 하는 가장 중요한 일은 체온을 낮추는 것이다. 나무늘보는 포유류의 정상 체온보다 한참 낮은 32.7℃의 체온을 유지한다. 덕분에 에너지 소비를 줄일 수 있어서 식사를 적게 해도 된다. 먹이를 찾으러 돌아다닐 필요가 없어 포식자의 눈에도 잘 포착되지 않는다.

　나무늘보는 두꺼운 모피를 갖고 있고, 털에 홈이 길게 파여 있다. 홈이 있는 털에는 곰팡이나 녹색 조류가 자라기 좋다. 나무늘보는 이런 털로 자연스럽게 위장한 채 나무에 매달려 있을 수 있다. 나무늘보의 털에 사는 생물 중에는 말라리아, 샤가스병, 유방암을 일으키는 기생자들을 저해하는 물질을 내뿜는 곰팡이도 있다. 그래서 나무늘보의 털은 신약을 찾는 연구자들의 관심 대상이기도 하다.

》빠른 포식자를 이긴 《 느린 삶

나무늘보가 사는 지역에 항상 나무 위에 사는 비슷한 크기의 동물이 있다. 숲에서 큰 소리로 고함을 질러 의사소통해서 고함원숭이라고 한다. 이 원숭이는 포유류의 정상적인 체온을 유지하고 있고, 높은 활동력을 갖고 있다. 그래서 고함원숭이는 나무늘보보다 세 배나 많은 음식을 섭취해야 한다. 빠른 삶을 선택한 고함원숭이는 매일 나무에서 나무로 양질의 먹이를 찾아 이동하고, 관모독수리와 같은 포식자가 나타나면 빠른 속도로 도망가야 한다. 어쩌면 나무늘보는 관모독수리에 놀라 도망가는 고함원숭이를 보고 비웃을 수도 있다.

최근 움직임을 추적하는 장치를 나무늘보에 달았더니 나무늘보가 실제 잠을 자는 시간은 8~10시간 정도이고, 나머지 시간은 활동하고 있었다고 한다. 아주 느리게 일정한 속도로 꾸준하게 움직이지만, 빠르게 살아가는 우리 눈에는 이런 움직임이 거의 정지 상태로 보인 것이다. 아마 포식자도 나무늘보의 이런 속도를

동물의 생존 경쟁과 방어

정지한 것으로 판단하고 그저 재미있게 보이는 나뭇가지로 여길 것이다. 나무늘보의 느린 삶이 승리하는 순간이다.

나무늘보는 느리지만 게으른 동물은 아니며, 멍청한 동물은 더더욱 아니다. 천천히 꾸준하게 움직이는 동물이다. 정글에서 생존하는 방법은 여러 가지다. 나무늘보의 예를 보듯이 '천천히 꾸준하게 움직이는 전략'도 탁월한 생존 방법 중 하나다.

14

공룡은 멸종했는데 악어는 어떻게 살아남았을까?

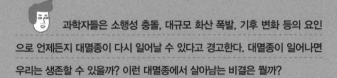

과학자들은 소행성 충돌, 대규모 화산 폭발, 기후 변화 등의 요인으로 언제든지 대멸종이 다시 일어날 수 있다고 경고한다. 대멸종이 일어나면 우리는 생존할 수 있을까? 이런 대멸종에서 살아남는 비결은 뭘까?

악어는 도마뱀, 뱀, 거북과 더불어 파충류에 속한다. 지금은 멸종했지만, 파충류의 가장 대표적인 동물은 공룡이다. 지금 살아 있는 동물 가운데 공룡과 계통학적으로 가장 가까운 동물은 악어와 조류다. 악어와 공룡은 지금으로부터 약 2억 5천만 년 전에 등장한 조룡류로부터 유래한다. 또 공룡 일부가 진화해 출현한 동물이 조류이다. 그래서 많은 연구자는 악어와 조류 모두 공룡으로 간주한다. 실제로 악어와 공룡은 서로 같이 살았고, 중생대 시대에 악어가 잡아먹은 먹잇감 일부도 공룡이었다.

지금부터 6,600만 년 전, 혜성 또는 소행성이 지구와 충돌하면서 지구에 다섯 번째 대멸종이 일어났다. 이때 지구 동식물종의 약 3/4이 멸종되었고, 특히 다리가 네 개 있는 육상 동물 가운데 몸무게가 25kg 넘는 동물은 거의 사라졌다. 조류를 제외하면 모든 공룡이 멸종했다. 이 대멸종은 중생대를 마무리 짓고 신생대를 시작하는 분기점이기도 하다.

이 대멸종의 참사에서 생존한 몇몇 예외적인 동물이 있는데 그 가운데 하나가 바로 악어다. 공룡은 사라졌는데, 어떻게 악어는 지금도 전 세계의 열대 습지를 누비고 다닐까? 대사건을 겪고도 생존한 악어의 비밀은 무엇일까?

동물은 먹이 선호도나 선호하는 환경 조건에 따라 제너럴리스트와 스페셜리스트로 나눌 수 있다. 악어는 전형적인 제너럴리스트로 다양한 먹잇감을 사냥하고, 넓은 범위의 환경 조건에서 생존한다. 악어는 어류, 양서류, 조류, 파충류, 포유류, 심지어 같은 종의 작은 악어도 잡아먹는다. 썩은 고기도 서슴지 않고 먹어 치우고, 다른 포식자의 먹이를 강탈해 먹기도 한다. 악어의 장은 척추동물 중 가장 강한 산성을 띠어서 다른 동물은 먹기 어려운 뼈, 발굽, 뿔 등을 소화하는 데도 어려움이 없다.

보통 스페셜리스트와 제너럴리스트가 직접 경쟁하면 스페셜리스트가 우세하다. 스페셜리스트는 특정한 자원에 특화되어 있기 때문에 제너럴리스트보다 자원을 훨씬 잘 이용할 수 있다. 그러나 스페셜리스트는 좁은 범위의 환경 조건에서만 우세하고, 환경 조건이 바뀌면 쉽게 경쟁에 뒤처진다. 이에 비해 제너럴리스트는 넓은 범위의 환경 조건에서 경쟁하고 생존할 수 있다. 따라서 환경의 변화가 스페셜리스트가 선호하는 범위를 벗어나면 제너럴리스트가 유리해진다. 악어가 지난 수천만 년 동안 멸종하지 않고 살아남은 가장 중요한 요인은 바로 먹이나 서식 조건에서 제너럴리스트이기 때문이다.

》 가리지 않고 먹고, 《 덜 먹어도 되는 악어

대멸종을 극복하고 생존한 대형 동물의 대표적인 특징은 외온 동물이란 점이다. 포유류와 조류는 체온을 높이기 위해 대사 과정을 통해 열을 생산한다. 이렇게 체내에서 발생한 열로 체온을 유지하는 동물을 내온 동물이라 한다. 이 두 분류군을 제외하면 다른 동물들은 내부에서 열을 생산하지 않고, 외부에서 열을 받는 만큼 체온이 유지된다. 이런 동물을 외온 동물이라 하고, 이들 대부분은 체온이 환경에 따라 변하는 변온 동물이다. 끊임없이 열을 생산해야 하는 내온 동물은 많은 양의 식사를 꾸준히 해야 한다. 내온 동물은 다양한 온도 조건에서도 활동할 수 있는 장점이 있지만, 계속 많은 양의 먹이를 소비해야 한다. 이에 비해 외온 동물은 기온이 어느 정도 높아야 활동할 수 있기 때문에 계절에 따라 활동이 제한되지만, 적은 양만 먹고도 활동할 수 있다.

악어는 전형적인 외온 동물이어서 오래 굶어도 생존할 수 있다. 이에 비해 공룡은 파충류지만 내온 동물과 외온 동물의 중간인 중온 동물로 알려져 있다. 중온 동물은 내온 동물처럼 대사 과

정에서 발생한 열을 이용해 체온을 높이지만, 늘 일정한 체온을 유지하지는 않는다. 여하튼 공룡은 악어보다 더 정기적으로 더 많은 식사를 해야 한다.

오랫동안 굶어도 버틸 수 있는 인내력은 악어가 열악한 환경 조건에서 생존할 수 있게 해 주었다. 소행성과 충돌한 이후 온갖 먼지와 소행성 잔해가 지구의 대기를 덮어 아주 오랫동안 햇빛이 차단되었다. 이 기간 동안 육상의 식물이 대부분 사라지면서 초식 공룡들도 멸종했다고 추정된다. 초식 공룡이 사라지면서 육식 공룡들도 사라지게 된다. 이때 살아남을 확률이 높은 동물은 사체를 먹을 수 있는 청소동물이다. 그런데 같은 청소동물이라도 공룡은 악어보다 식사를 더 많이 자주 해야 한다. 외온 동물이라 오랫동안 먹이 없이 생존할 수 있었던 악어의 능력은 소행성과 충돌 후 발생했던 격렬하고, 먹이가 부족한 환경을 극복하는 데 큰 도움이 되었을 것이다.

》악어가 대멸종에서 살아남은 《 세 가지 이유

무섭고 차가운 이미지를 갖고 있지만, 악어는 따뜻한 양육 행동을 갖고 있다. 암컷 악어는 수컷과 교미 후에 습지 근처의 모래나 흙을 파헤친 다음 알을 낳는다. 그리고 흙을 다시 덮고 알이 부화할 때까지 보호한다. 알이 부화하면 새끼 악어가 둔덕 속에서 소리를 낸다. 그럼 어미는 둔덕을 파헤쳐 새끼를 꺼내고, 다시 새끼를 물어 물가로 이동시킨다. 새끼는 어미의 보호를 받으면서 1~2년 동안 성장한다. 알을 낳기만 하고, 양육 행동이 없는 다른 파충류와 달리 악어의 양육 행동은 새끼들의 초기 생존과 성장에 큰 기여를 한다. 재미있게도 악어와 같은 무리인 공룡과 조류도 양육 행동이 발달해 있다. 따라서 양육 행동 자체가 공룡과 악어의 운명을 갈라놓은 차이점이라고 말하기는 어렵다. 그렇지만 소행성과의 충돌 후 벌어진 극단적인 환경에서 악어의 양육 행동이 새끼들의 생존률을 높여 위기를 극복하는 데 기여했으리라 추측할 수 있다.

악어는 어떻게 대멸종이라는 초유의 사태에서도 생존할 수 있었을까? 왜 공룡은 멸종하고 악어는 살아남았을까? 이 질문에 대해 모두가 동의하는 명확한 답을 찾기는 어렵다. 그렇지만 제너럴리스트인 먹이 습성, 외온 동물, 양육 행동의 적절한 조화는 악어가 소행성과의 충돌, 그 이후 빙하기 같은 기후 변화에 대처할 수 있는 길을 제공해 주었다. 예측하기 어려운 상황에 대비하는 가장 좋은 방법은 여러 먹이를 섭취할 수 있는 다재다능함과 극단적인 환경 조건을 견딜 수 있는 인내력이다.

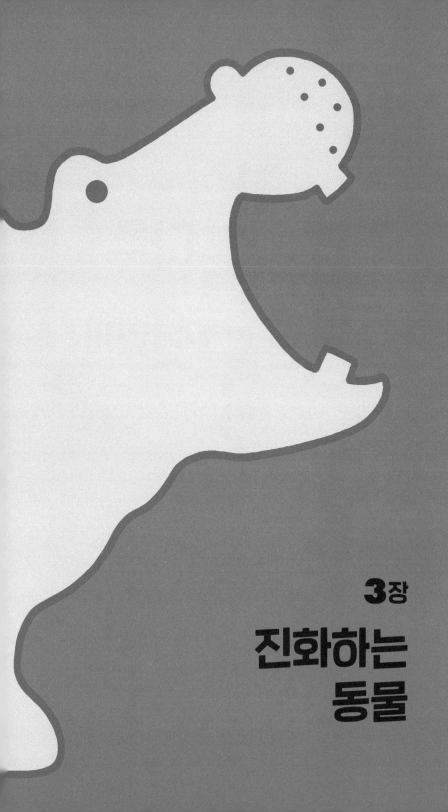

3장

진화하는
동물

15

가장 동물다운 특징은 무엇일까?

동물이란 무엇일까? 기본적으로 움직이며, 다른 생명체를 먹어서 영양을 얻는 생명체이다. 그런데 움직이지 않는 동물도 있고, 운동 기관인 섬모나 편모가 발달한 박테리아나 단세포 원생생물도 있다. 그럼 어떻게 동물을 특징지어야 할까?

동물의 특징을 찾기 전에 먼저 전체 생명체에서 동물이 차지하는 위치를 살펴볼 필요가 있다. 생명나무(tree of life)에는 커다란 가지가 3개 있는데, 이들은 세균, 고세균, 진핵생물이다. 동물은 이 중 진핵생물이라는 가지에 있는 잔가지일 뿐이다. 우리가 알고 있는 모든 동물이 바로 이 잔가지 하나로 표현된다. 따라서 동물은 진핵생물의 한 종류다. 진핵생물은 잘 발달한 핵막으로 둘러싸인, DNA를 포함한 핵을 가진 세포를 갖고 있는 생물이다. 이에 비해 세균과 고세균은 원핵생물로, 핵막이 발달되어 있지 않다.

진핵생물은 대부분 단세포 생물이다. 단세포 생물은 하나의 세포 내에서 모든 생명 현상이 일어난다. 일부 진핵생물이 다세포 생물인데, 서로 다른 역할을 하는 세포들로 구성되어 있어서 어느 한 세포가 다른 세포의 도움 없이 생존할 수 없다. 일부 단세포 생

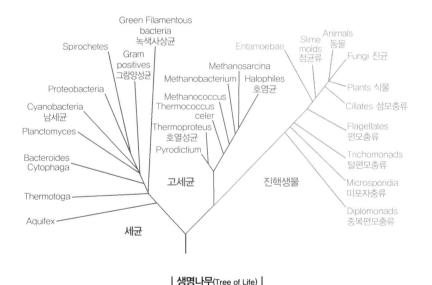

| 생명나무(Tree of Life) |

물들은 서로 모여 군락을 이루어 살아 다세포 생물처럼 보이지만, 한 세포가 다른 세포의 도움 없이 독립적으로 생존할 수 있다. 따라서 단세포 생물의 군락은 다세포 생물은 아니다. 진핵생물에서 다세포 생물은 동물, 식물, 곰팡이, 홍조류, 녹조류, 갈조류 정도이다. 그러므로 동물은 다세포 진핵생물이다.

모든 생명체는 영양을 지속적으로 획득해야 생명 활동을 할 수 있다. 영양을 섭취하는 방법에 따라 생명체를 구별할 수 있는데, 크게 독립 영양 생물과 종속 영양 생물로 나눌 수 있다. 육상 식물, 홍조류, 녹조류, 갈조류 등은 광합성을 통해 스스로 영양을 얻는 독립 영양 생물이다. 이에 반해 동물이나 곰팡이는 외부에서 영양을 획득하는 종속 영양 생물이다. 따라서 동물은 다세포이며 종속 영양을 하는 진핵생물이다. 동물이나 곰팡이는 둘 다 종속 영양을 하지만, 영양을 섭취하는 방식에는 차이가 있다. 동물은 주로 먹이를 몸 안으로 들여와서 소화를 시키고, 곰팡이는 소화 효소를 몸 밖으로 내보내 소화를 시킨 다음 영양 물질을 몸 내부로 가져온다. 이런 차이점이 있긴 하지만 동물은 계통 분류에서 식물보다 곰팡이와 더 가까이 위치한다.

이제 동물과 곰팡이의 차이점만 알면 동물을 특칭지을 수 있다. 동물은 초기 발달할 때 수정란에서 내배엽, 외배엽, 중배엽 같은 배아층이 만들어지고, 여기서 조직이 발생한다. 이에 비해, 곰팡이는 포자가 발아해 균사를 뻗는다. 따라서 동물은 다세포이며 종속 영양을 하는 진핵생물로, 조직이 배아층에서 발달한다. 이점이 동물을 특징짓는다.

》동물을 동물로 만드는 《
가장 큰 특징은 '행동'

그럼 동물에게만 나타나는 특징을 살펴보자. 동물의 세포에는 세포벽 대신 콜라겐이란 구조 단백질이 세포들을 붙들고 있다. 콜라겐은 세포의 연결을 유연하게 만들어 동물들이 쉽게 행동할 수 있게 한다. 동물의 또 다른 대표적인 특징은 신경 조직과 근육 조직이다. 모든 동물이 신경 조직과 근육 조직을 갖고 있지는 않지만, 이 두 조직은 동물에서만 발견된다. 신경 조직은 체내와 외부 환경 정보를 수집하고, 또 빠르게 명령을 내릴 수 있는 통신 수단이다. 근육 조직은 물리적인 운동을 일으키는 조직이다. 동물은 신경 조직과 근육 조직을 이용해 환경이나 체내의 정보를 얻어서 뇌에 전달하고, 뇌의 명령에 따라 근육을 작동시켜 행동이 일어나게 한다.

동물에서만 나타나는 특징인 콜라겐, 신경 조직 및 근육 조직은 동물이 행동을 할 수 있도록 해 준다. 동물은 행동을 이용해 내외부 자극에 잘 대응하고, 이를 통해 궁극적으로 생존과 번식을 하는 생명체이다. 그렇다면 가장 동물다운 특징은 한마디로 '행동'이라 할 수 있겠다.

16

오세아니아 들귀뚜라미의 노래는 왜 사라졌을까?

우리나라 왕귀뚜라미와 비슷하게 생긴 오세아니아 들귀뚜라미는 태평양 전역과 호주에서 산다. 수컷 귀뚜라미는 짝짓기를 목적으로 노래를 부르고, 암컷은 이 노래를 듣고 선호하는 수컷에게 다가간다. 노래는 수컷 귀뚜라미의 성공적인 번식을 위해 아주 중요하다. 그런데 하와이 제도에 있는 오세아니아 들귀뚜라미 수컷은 더 이상 노래를 부르지 않는다. 왜 그렇게 되었을까?

오세아니아 들귀뚜라미 수컷은 노래를 불러 암컷을 유인한다. 그런데 이 노래에 유인되는 곤충은 암컷 귀뚜라미만이 아니다. 기생파리 암컷도 노래를 듣고 수컷 귀뚜라미에게 다가가서는 수컷 근처에 알을 낳는다. 알이 부화해 나온 구더기는 수컷 귀뚜라미 몸 안으로 파고들어 귀뚜라미 살을 파먹고 자란다. 다 자라면 귀뚜라미 밖으로 나오는데, 그때쯤이면 수컷 귀뚜라미는 거의 죽음에 이른다.

하와이 제도는 화산 폭발로 비교적 최근인 천만 년 전에 수면 위로 드러났고, 인구 밀집 지역에서 가장 멀리 떨어진 오지 중 오지였다. 이곳 생물은 주로 해류를 타고 외부에서 왔다. 오세아니아 들귀뚜라미는 폴리네시아 사람들의 이주와 함께 하와이로 들어오게 되었다. 기생파리가 없는 하와이 제도에서 오세아니아 들귀뚜라미는 마음껏 노래를 불렀을 것이다. 그러나 오세아니아 들귀뚜라미의 운명은 기생파리도 하와이 제도에 침입하면서 크게 바뀌었다.

미국의 진화생물학자인 말린 죽 박사는 1990년대부터 하와이 제도에서 오세아니아 들귀뚜라미를 연구했다. 1991년 첫 방문 이래 매번 오세아니아 들귀뚜라미의 개체 수가 적어졌는데, 2001년도에는 심지어 노래하는 수컷 귀뚜라미가 한두 마리만 남아 있었다. 말린 죽 박사 연구팀은 기생파리 때문에 오세아니아 들귀뚜라미가 하와이 제도에서 완전히 사라졌다고 생각했다.

» 노래를 부르지 않게 진화한 《
수컷 오세아니아 들귀뚜라미

그런데 말린 죽 박사 연구팀이 2년 후에 다시 하와이 제도를 방문했을 때 오세아니아 들귀뚜라미가 엄청 늘어나 있었다. 신기하게도 이들은 하나같이 소리를 내지 않는 수컷들이었다. 수컷들은 노래를 부르지 않고도 아주 잘 번식하고 있었다. 어떻게 이런 일이 생겼을까?

귀뚜라미 수컷은 앞날개를 이용해 소리를 낸다. 그래서 수컷의 앞날개에는 소리를 생성하는 기관들이 가득하지만, 암컷의 앞날개는 밋밋하고 단순하다. 연구팀이 하와이 제도에서 노래를 부

르지 않는 수컷을 잡아 앞날개를 조사했더니 발성 기관이 전부 다 사라져 있었다. 발성 기관이 사라진 이유는 수컷 귀뚜라미의 X 염색체에 돌연변이가 생겨 발성 기관이 더 이상 발현되지 않는 것으로 밝혀졌다.

도대체 어떻게 노래를 부르지 않는데도 수컷 귀뚜라미가 암컷의 선호를 받아 번식할 수 있었을까? 암컷 귀뚜라미는 노래를 부르지 않는 수컷보다 노래를 부르는 수컷을 선호한다. 또 시원찮게 부르는 수컷보다는 잘 부르는 수컷을 선호한다. 그러니 노래를 부르지 않는 수컷은 기생파리 구더기에게 기생당하지 않았더라도 암컷의 선택을 받지 못해 번식하기 어렵다. 노래를 부르는 수컷은 기생파리에 기생당해 죽고, 노래를 못 부르는 수컷은 암컷의 선택을 못 받아 자손을 남기지 못하고, 그랬더라면 하와이 제도에 있는 오세아니아 들귀뚜라미는 모두 사라져 버렸을 것이다.

이유를 알아내기 위해 스피커로 수컷 귀뚜라미의 노래를 들려주어 암컷의 반응을 판별해 보았다. 실험 결과 재미있게도 오세아니아 들귀뚜라미 암컷의 선호도가 굉장히 느슨해졌다는 것을 발견했다. 노래를 발성하지 못하더라도 수컷 귀뚜라미를 마주치기만 하면 암컷 귀뚜라미는 수컷과 교미를 했다. 암컷의 노래 선호도가 약해진 이유는 정확히 알기 어렵지만, 초기 정착과 관련이 있는 것으로 보인다. 하와이 제도에 오세아니아 들귀뚜라미가 처음 들어왔을 때는 밀도가 아주 낮았다. 암컷은 노래 부르는 수컷을 찾기 어려웠고, 그래서 처음부터 노래에 대한 선호도가 많이 사라졌다고 생각된다. 이런 이유로 하와이 제도에서 수컷 귀뚜라미가 발성하지 않는 귀뚜라미로 진화했어도 암컷이 쉽게 배우자로 받아들이지 않았을까.

<h2 style="text-align:center">》 주변 환경에 따라 《
끊임없이 진화하는 동물의 행동</h2>

기생파리는 수컷 오세아니아 들귀뚜라미의 번식 성공도를 증가시키거나 감소시키는 자연 선택의 힘으로 작용했다. 이렇게 기생파리가 수컷 귀뚜라미에게 작용하는 힘을 선택압이라 한다. 기생파리라는 선택압은 가수 귀뚜라미로 이루어진 오세아니아 들귀뚜라미 집단을 전부 노래를 하지 못하는 집단으로 진화하게 했다. 이러한 진화는 1990년대 후반부터 2003년까지 귀뚜라미로 치면 불과 20세대 이내에 급격하게 일어났다. 동물의 행동은 주변 환경 조건에 따라 사라지기도 하고 새로 나타나기도 한다. 동물의 행동은 끊임없이 진화한다.

17

왜 뿔이 긴 소똥구리와 짧은 소똥구리가 같이 존재할까?

소똥구리는 흔히 '쇠똥구리' 또는 '말똥구리'라고도 불린다. 자기 몸보다 큰 소똥 경단을 물구나무서서 뒷다리로 굴리는 소똥구리의 모습은 정말 경이롭다. 소똥구리는 한 개체군 내에 뿔이 긴 수컷과 뿔이 거의 없는 수컷이 같이 있다. 왜 뿔의 크기가 서로 다른 수컷이 같이 존재할까?

소똥구리는 똥을 적당한 크기로 잘라내 경단을 만든 다음 굴려서 이동시킨다. 암컷이 경단을 굴리고 있으면 어디선가 수컷이 나타나서 암컷을 따라가거나 도와준다. 땅이 부드러운 곳을 발견하면 소똥구리는 경단을 묻고 그 안에 알을 하나 낳는다. 경단은 소똥구리가 알에서 어른으로 성장하기 위한 육아방이자 식량 창고인 셈이다. 이 안에서 부화한 알은 준비된 먹이를 먹으면서 성장하고, 먹이를 거의 다 먹을 때쯤이면 어른 소똥구리가 된다.

대형 초식 동물은 매일 엄청난 양의 풀을 먹고, 소화한 다음 배설한다. 만약 소똥구리 같은 분해자가 없다면 초원, 풀밭, 숲은 금방 초식 동물의 똥으로 가득 찰 것이다.

소똥풍뎅이속 소똥구리는 전 세계적으로 분포하는데 이 종은 주로 소똥이나 말똥에 유인된다. 암컷은 소똥 무더기 아래로 굴을 뚫고, 굴 속에 육아방을 여러 개 만든다. 암컷이 파 놓은 굴에는 바로 수컷이 유인된다. 수컷은 '메이저'와 '마이너'라 부르는 두 종류가 있다. 메이저는 몸집이 큰 수컷으로 머리에 긴 뿔이 나 있고, 마이너 수컷은 몸집이 작고 뿔이 없다. 암컷이 굴을 뚫으면, 메이저는 다른 수컷이 접근하지 못하도록 굴 입구에서 지킨다. 암컷이 육아방을 완성해 소똥을 떼어 육아방으로 옮기면, 메이저는 암컷과 교미하고 암컷은 알을 낳는다.

진화하는 동물

» 덩치가 크고 뿔을 가진 메이저 《
덩치가 작고 뿔이 없는 마이너

마이너는 크기도 작고 뿔도 없어 메이저와 힘겨루기할 수 없다. 대신 마이너는 굴 입구를 지키는 메이저를 피해 우회하는 굴을 뚫어서 암컷에게 접근을 시도한다. 뿔이 없어 좁은 굴에서도 신속하게 이동할 수 있어서 암컷에게 접근한 후 재빨리 교미한다. 하지만 메이저가 중간에 나타나면 마이너는 빠르게 도망가는 수밖에 없다.

이처럼 소똥구리 수컷의 번식 전략은 두 가지 방법이 존재하는데 스스로 배우자를 확보하는 '부르주아 전략'이 있고, 이 부르주아 전략을 몰래 이용하는 '기생 전략'이 있다. 소똥구리는 메이저가 부르주아 전략이고, 마이너가 기생 전략이다.

그럼 누가 메이저가 되고, 누가 마이너가 될까? 소똥풍뎅이속 소똥구리는 유충의 영양 조건에 따라 뿔의 발달이 결정된다. 유충이 성장할 때 먹을 수 있는 똥이 풍부하면 커다란 개체로 성장하고, 긴 뿔이 발달한다. 반면 똥이 충분하지 않으면 작은 개체로 성장하고, 뿔도 작거나 아예 없다. 덕분에 메이저의 번식 성공도는 마이너의 번식 성공도보다 다섯 배나 높은 것으로 알려져 있다. 이렇게 번식 성공도에서 큰 차이가 나는데도 마이너는 왜 개체군에서 사라지지 않을까?

다윈의 자연 선택 이론에 따르면 번식 성공도가 낮은 형질이나 전략을 가진 개체는 자연 선택이 일어나면 점점 줄어들어 어느 순간 개체군에서 사라져야 한다. 소똥구리의 메이저와 마이너 전략도 번식 성공도에 차이가 있다면 아주 오래전에 한쪽이 사라졌어야 한다. 그런데 두 전략이 모두 잘 번성하고 있다는 사실은 마이너가 메이저만큼 번식에 성공적이란 것을 뜻한다. 앞에서 메이저와 마이너의 번식 성공도 차이가 다섯 배나 된다고 했는데, 어떻게 성과가 비슷할까?

》 마이너도 《
메이저만큼 성공적

메이저 수컷은 몸집을 크게 발달시켜야 해서 초기 비용이 많이 들어간다. 또 다른 메이저 수컷과 경쟁을 해야 하는데 반드시 승리한다는 보장도 없다. 메이저 수컷은 클수록 번식 성공도가 높은데, 뿔의 크기가 어정쩡하다면 뿔이 더 큰 수컷에게 밀릴 수밖에 없다. 이에 비해 마이너 수컷은 몸집이 작으므로 초기 비용이 적게 들어가고, 다른 수컷과 물리적인 싸움을 피할 수 있다. 따라서 번식 성공도만 놓고 보면 마이너는 메이저의 1/5 정도이지만, 모든 비용을 고려한 번식 성공도를 비교하면 마이너와 메이저는 비슷해지는 것이다.

많은 개인이 한정된 자원을 이용하기 위해 서로 경쟁한다. 이 경쟁에서 한 개인의 최고의 선택은 종종 다른 개인들의 선택지에 달려 있다. 만약 많은 개인이 한 선택지를 선호하면, 그전에는 바람직하지 않던 다른 선택지가 대안으로 적당해질 수 있다. 소똥구리 예를 보듯 수컷이 뿔을 갖고 경쟁하는 전략이 모든 수컷에게 바람직하지는 않다. 일부 수컷은 과감히 뿔을 포기하고 기생 전략을 구사하는 것이 훨씬 유리할 수 있다. 경쟁은 항상 상대적이고, 모든 경쟁에는 여러 가지 좋은 전략이 가능하다.

18

코알라는 왜 귀여울까?

세상에서 가장 귀여운 동물을 꼽으라면 코알라를 빼놓을 수 없다. 커다랗고 둥근 얼굴, 뭉툭한 코, 솜털로 뒤덮인 귀와 복슬복슬한 털을 가진 코알라를 한번 보면 탄성을 지르지 않을 수 없다. 그런데 코알라는 깨어있을 때보다 자고 있을 때가 더 많다. 실제로 코알라는 하루 최대 20시간까지 잔다고 알려져 있다. 늘 잠만 자는 코알라는 어떻게 귀여운 얼굴을 갖게 되었을까?

지금부터 3,500만 년 전만 해도 호주와 남극은 서로 붙어 있었고, 또 울창한 산림으로 뒤덮여 있었다. 그러다가 호주 대륙이 남극과 갈라져 북쪽으로 이동하면서 기후가 바뀌기 시작했다. 특히 남극 대륙 주위를 시계 방향으로 도는 남극 순환 해류가 형성되면서 호주 대륙은 사막화가 급속히 진행되었다.

이렇게 변화하는 환경 속에서 코알라도 빠르게 진화하며 사막 기후에 적응했다. 사막에서 사는 모든 생명체는 가장 먼저 물을 확보해야 한다. 코알라는 물을 찾는 대신 건조한 환경에서도 잘 자라는 유칼립투스 잎에서 해결책을 찾았다. 유칼립투스 숲은 현재 호주 전체 숲의 3/4을 차지할 정도로 아주 흔하고, 유칼립투스 잎에는 충분한 수분이 들어 있다. 코알라는 유칼립투스의 잎에서 수분을 섭취하기 때문에 거의 물을 마실 필요가 없다. 그래서 코알라의 어원은 '마시지 않는다'이다. 현재 코알라는 호주 대륙 동부와 남부에 걸쳐 널리 분포하고 있는데, 척박한 환경에도 코알라가 이렇게 번성할 수 있었던 가장 중요한 요인은 바로 이것이다.

유칼립투스 잎은 아주 흔하지만, 먹기에 적당하진 않다. 전 세계적으로 700종이 넘는 유칼립투스 나무가 있는데, 대부분 호주에서만 발견된다. 유칼립투스 잎은 가죽과 질감이 비슷하고, 아주 튼튼하다. 잎에 힘을 가하면 종이처럼 찢어지기보다 얇은 나무판처럼 부스러진다. 이런 특징 덕분에 유칼립투스 잎은 덥고 건조한 날씨에 잘 견딜 수 있다.

또 유칼립투스 잎에는 강한 독이 있다. 유칼립투스 잎에서 추출한 오일에는 방부제, 방향제, 이뇨제, 소독제 성분이 들어 있다. 이런 독 때문에 대부분 초식 동물은 유칼립투스의 잎을 먹기 어렵다. 그렇지만 이런 독을 견딜 수 있거나 분해해 독 성분을 중화시킬 수 있다면, 그 동물은 다른 초식 동물과의 경쟁 없이 잎을 독점할 수 있다. 코알라가 바로 그렇다.

》장내 세균 덕분에《
독성을 분해해

코알라가 독성이 강한 유칼립투스 잎을 먹을 수 있는 이유는 장내 세균 덕분이다. 코알라의 소화 기관 중에서 맹장이 유난히 발달했는데, 그 길이가 무려 2m나 된다. 코알라의 맹장에 있는 장내 세균은 100시간 이상 걸려 유칼립투스 독을 분해해 발효시킨다. 그런데 유칼립투스를 소화할 수 있는 장내 세균은 분명 코알라와 완전히 다른 종이고, 막 태어난 새끼 코알라에게는 이런 장내 세균이 없다. 그럼 코알라는 어떻게 장내 세균을 얻었을까?

　코알라는 새끼를 낳아 어미의 육아낭에서 키우는 유대류이다. 덜 자란 상태로 태어난 새끼는 다른 포유동물처럼 어미가 분비하는 우유를 먹고 자란다. 어미의 육아낭에서 6, 7개월 정도 자란 새끼는 바깥세상을 조심스럽게 탐험하기 시작한다. 이때가 되면 새끼는 유칼립투스를 먹을 준비를 한다. 어미는 유칼립투스 잎을 먹고 어느 정도 소화한 다음 배설한다. 이것은 일반적인 배설물이 아니라 일종의 이유식이다. 이 이유식에는 유칼립투스를 소

화할 수 있는 세균과 적당히 소화된 유칼립투스 잎으로 가득하다. 새끼가 이걸 먹으면 유칼립투스 잎을 소화할 수 있는 장내 세균이 새끼의 장에서도 활동하기 시작한다. 그 이후 새끼도 유칼립투스 잎을 먹을 수 있다.

얻는 것이 있으면 잃는 것도 있다. 유칼립투스 잎은 거칠고, 질기고, 독성이 강해 대부분의 초식 동물이 꺼린다. 유칼립투스는 초식 동물을 방어하는 데 많은 에너지를 사용한 탓에 잎에는 영양분이 그렇게 많지 않다. 따라서 코알라는 물을 확보할 수 있지만, 아주 영양가 없는 식사를 하게 된다. 코알라는 매일 400g 이상의 유칼립투스 잎을 섭취해야 해서 깨서 활동하는 시간 대부분을 먹이를 찾고 먹는 데 써야 한다. 먹이를 잔뜩 먹은 코알라는 이를 소화하기 위해 하루 대부분을 잠자는 데 사용한다. 영양분이 별로 없는 식사를 하므로 코알라가 쓸 수 있는 에너지도 그렇게 많지 않다. 잠은 한정된 에너지를 절약하는 데에도 중요하다. 덕분에 코알라는 느리고 잠만 자는 동물로 낙인찍히고 말았다.

》거친 먹이를 먹느라《
귀여운 얼굴을 갖게 된 코알라

잠자는 행동뿐만 아니라 코알라의 얼굴에도 변화가 나타났다. 거칠고 딱딱한 유칼립투스 잎을 먹기 위해 코알라는 커다란 두개골과 크고 강력한 씹기 근육을 발달시켰다. 그 결과 코알라의 얼굴은 몸 크기에 비해 크고, 둥글게 바뀌었다. 유칼립투스를 먹게 된 코알라는 덕분에 아주 귀여운 모습을 갖게 되었다.

거친 먹이를 먹기 때문에 귀여워진 동물이 또 하나 있다. 아마 세상에서 가장 귀여운 동물로 둘째가라면 서러워할 동물, 판다다. 판다는 중국 남부의 산림 지대에 서식한다. 판다는 먹이로 거칠고 영양가 없는 대나무 잎만 먹는다. 그래서 하루 대부분 대나무 잎을 먹고 이를 소화하는 데 보내야 한다. 거친 대나무 잎을 잘 씹기 위해 판다도 두개골이 크고, 크고 강력한 씹기 근육이 발달했다. 그 결과 판다의 얼굴도 상대적으로 크고 동글동글하다. 우리가 아주 귀엽다고 느끼는 특징이다.

19

바다거북은 왜 고향으로 와서 산란할까?

바다거북은 바다의 위대한 방랑자다. 전 세계 열대와 아열대 바다에서 살아가는 바다거북은 매년 수천 킬로미터씩 항해하고, 심지어 세계 일주도 한다. 그런데 바다거북은 산란할 때가 되면 아무리 멀더라도 자기가 태어난 모래사장으로 돌아간다. 바다거북은 근처에 있는 적당한 모래사장에 알을 낳지 않고 왜 수천 킬로미터 떨어진 고향까지 가서 산란할까?

현재 7종의 바다거북이 있는데, 수명을 보통 50~100년 정도로 추정한다. 바다거북은 알에서 부화할 때까지와 산란할 때를 제외하곤 일생을 바다에서 생활한다. 그래서 바다거북은 물속에서 유영하기 적합한 유선형의 몸과 지느러미발을 갖고 있다. 재미있게도 바다거북은 땅 거북이나 민물 거북과 달리 머리와 네 다리를 등딱지에 숨길 수 없다. 그래서 포식자의 위협에 훨씬 취약하지만 성장하면 바다에는 바다거북을 공격할 만한 포식자가 거의 없어 이런 방어 능력이 필요 없다.

암컷 바다거북은 대양을 돌아다니며 살다가 산란하러 자기가 태어난 모래사장으로 찾아간다. 바다거북은 성숙하는 데 20~30년 정도 걸리기 때문에, 태어나서 수십 년 만에 처음 고향으로 돌아가는 셈이다. 바다거북은 태어난 모래사장으로 정확하게 찾아가는 놀라운 귀소성을 갖고 있다. 바다거북의 이런 귀소성은 바다에서 처음 기원한 척추동물이 생활 터전을 육지로 확장하면서 발생한 적응과 관련이 있다.

» 연못을 가지고 태어나는 « 파충류의 알

척추동물 중에서 육상으로 처음 진출한 동물은 개구리로 대표되는 양서류이다. 양서류에는 물에서 진화한 특징이 남아 있다. 알에서 부화하고, 올챙이가 성장해 어린 개구리가 될 때까지 반드시 물속에 살아야 한다. 그래서 양서류가 살 수 있는 장소는 습지로

진화하는 동물

한정되거나 습지에서 가까워야 한다. 하지만 육지 내부는 대부분 건조하기 때문에 양서류가 진출하기 어렵다.

광활한 육상 생태계를 지배한 최초의 척추동물은 양서류의 뒤를 이어 등장한 파충류다. 그러면 파충류는 어떻게 육지 깊숙이 들어갈 수 있었을까? 그 비밀은 파충류의 알에 있다. 파충류는 먼저 알을 크게 만들어 그 안에 발육하는 데 필요한 수분과 영양분을 다 넣었다. 그런 다음 알을 양막과 껍질로 둘러쌌다. 삶은 달걀 껍데기를 벗기다 보면 알을 둘러싼 막이 나오는데, 이것이 양막이다. 양막은 파충류, 조류 및 포유류에서만 발견된다. 양막은 알 내부의 물질이 밖으로 새지 않게 하는 역할을 해서 양막으로 둘러싸인 파충류 알은 외부의 환경 조건과 상관없이 비교적 독립적으로 발달할 수 있다.

파충류 알은 외부의 물이나 영양 물질이 없이 자체적으로 발달해 부화할 수 있다. 그래서 '파충류는 발육하는 데 필요한 연못을 알 속에 넣고 태어난다'라고 표현한다. 그 덕분에 파충류는 건조한 지역에서도 알을 부화시킬 수 있다. 파충류는 이런 알을 이용해 육지 내부로 깊숙이 침투할 수 있게 되었고, 파충류의 일원인 공룡이 육상을 지배하기도 했다.

» 자기가 알고 있는 «
유일한 육지로 돌아오는 바다거북

바다거북 같은 파충류 일부는 물속으로 되돌아가기도 했는데, 바다거북은 아예 바다로 삶의 터전을 바꿔 버렸다. 그러나 파충류의 가장 중요한 특징인 양막과 껍질로 둘러싸인 커다란 알은 그대로다. 이런 알을 낳으려면 다시 육지로 돌아가야 한다. 그런데 왜 하필이면 자신이 태어난 장소로 돌아갈까? 아직 이 부분에 대한 비밀은 풀리지 않고 있다. 어쩌면 내가 태어난 장소는 내가 알고 있는 장소 중에서 자손을 태어나게 할 수 있는 가장 믿을 만한 장소라고 생각한 것이 아닐까? 그리고 그 장소가 내가 알고 있는 유일한 육지라면 디디욱 그럴 것이다.

진화하는 동물

20

수사자는 왜 영아 살해를 저지를까?

수사자는 번식하려면 암컷 위주로 구성된 사자 무리에 합류해야 하는데, 그러려면 사자 무리에 있는 기존 수컷과의 싸움에서 승리해야 한다. 그런데 새로운 수사자의 집단생활은 끔찍한 만행으로 시작하는 경우가 많다. 바로 기존 수컷의 어린 새끼들을 모두 죽이는 것이다. 수컷 사자의 이런 행동을 '영아 살해'라고 하는데, 도대체 왜 수사자는 이처럼 끔찍한 일을 저지르는 걸까?

사자 무리는 평균 15마리 정도로, 혈연으로 연결된 암사자와 그들의 새끼, 그리고 외부에서 온 수사자로 구성된다. 수사자는 보통 한 마리이지만, 동맹을 맺어 두세 마리가 있기도 한다. 사자의 무리가 커지면 암사자도 무리를 떠날 수 있지만, 보통은 태어나서 죽을 때까지 같은 무리에서 살아간다. 암사자들은 엄마, 이모, 자매 같은 가까운 친척이고, 외부에서 온 암사자를 절대 받아 주지 않는다. 반면 수컷 새끼가 성장해 두 살쯤 되면 무리를 떠나 방랑자 수컷이 된다.

사자의 무리는 철저하게 암사자 위주로 돌아간다. 암사자들이 수행하는 가장 중요한 일은 사냥이다. 수사자가 암사자보다 훨씬 크고 힘도 세지만, 사냥에 참여하지 않는다. 커다란 갈기는 보기에만 좋을 뿐 사냥에는 전혀 도움이 되지 않는다. 먹잇감이 멀리서도 수사자의 갈기를 보고 도망갈 수 있기 때문이다. 또 수사자는 지구력이 없어서 먹잇감을 멀리 추적할 수도 없다. 그래서 사냥은 은밀히 접근할 수 있고, 민첩하고, 지구력 좋은 암사자들이 담당한다. 이외에도 새끼들의 양육, 영역 방어 같은 일도 모두 암사자가 담당한다.

암사자가 맡은 막중한 임무에 비해, 수사자가 무리를 위해 하는 일은 보잘것없어 보인다. 수사자는 암사자 무리와 떨어져 영역 외곽을 순찰한다. 군데군데 오줌을 싸서 영역을 표시하고, 으르렁거리며 외부 수사자의 영역 침범을 방지한다. 가끔 암사자들이 공략하기 어려운 커다란 물소를 쓰러뜨리는 데 도움을 주기도 하지만 보통은 거의 사냥에 참여하지 않는다. 그렇지만 암사자들이 사냥에 성공하면 가장 먼저 달려와 다른 이들을 밀치고 먹이를 게걸스럽게 먹는다. 언뜻 보면 수사자는 아프리카 초원에서 가장 쉬운 삶을 사는 것 같다. 과연 그럴까?

》시작부터 시간에 쫓기는《
수사자의 무리 생활

수사자가 암사자 무리에 얹혀 편하게 사는 것처럼 보이지만, 사실 고민이 많다. 수사자는 항상 방랑자 수사자의 도전을 받는다. 이들의 도전을 끊임없이 물리쳐야 암사자 무리와 같이 살 수 있다. 수사자가 암사자 무리와 같이 있는 재위 기간은 평균 2년이다. 이 수치는 어디까지나 평균이다. 한 마리의 처지에서 보면 1년 6개월일 수도 있고, 3년일 수도 있다. 그래서 수사자는 주어진 시간을 최대한 잘 활용해야 한다.

2년이란 시간은 수사자의 처지에서 보면 절대 긴 시간이 아니다. 암사자가 짝짓기에서부터 임신, 출산을 거쳐 새끼를 독립시키려면 2년이라는 시간이 필요하다. 암사자는 새끼를 양육하고 있으면 임신을 하지 않는다. 임신과 육아 그 어느 하나도 만만치 않기 때문이다. 포유류에서 터울이 생기는 이유는 바로 암컷이 임신과 육아를 동시에 하기 어렵기 때문이다. 이는 수사자가 무리에 처음 들어왔을 때 암컷이 어린 새끼를 양육하고 있다면 수사자는 그 암사자와 재위 기간에 번식할 수 없음을 뜻한다.

수사자는 무리에 합류하는 순간부터 시간에 쫓긴다. 처음부터 번식을 해도 쫓겨나기 전까지 새끼를 온전히 키워 낼 수 있다고 장담하기 어렵다. 그래서 무리에 합류했는데 암사자에게 어린 새끼가 있다면, 수사자는 끔찍한 결정을 내려야 한다. 영아 살해는 수사자가 무리 생활 중에 자신의 새끼를 낳고, 키워 내기 위한 절박한 선택이다.

》 개인의 이익은 항상 《 집단의 이익보다 우위에 있다

하지만 암사자 앞에 놓인 현실은 더 비참하다. 영아 살해는 암사자의 지난 몇 달간의 노력이 물거품이 되는 슬픈 일이다. 그러나 암사자는 수사자를 내쫓을 수도, 무리를 버리고 나갈 수도 없다. 내 새끼를 죽인 원수이지만, 어쩔 수 없이 새로운 수사자와 짝짓기를 시도한다.

수사자가 영아 살해를 저지르는 이유는 개인의 이익을 극대화하기 위함이다. 영아 살해를 저지를 때 수컷은 무리의 안녕이나 암사자의 이익은 고려하지 않는다. 개체군 감소가 빠르게 일어나 사자의 새끼 한 마리 한 마리가 귀한 존재라는 사실에는 더더욱 관심이 없다. 수사자의 관심은 오직 현재 상황에서 개인의 번식 이익을 최대화할 방법을 찾는 것이다. 이런 이유로 해서 '종족을 위한 번식'이란 말은 틀린 말이다. 또 같은 이유로 자연 선택은 이기적이라고 표현한다.

진화하는 동물

수사자는 개인의 이익과 집단의 이익이 충돌할 때 개인의 이익을 선택한다. 집단을 통해서 돌아오는 이익보다 바로 눈앞에 놓인 이익을 직접 취할 때 나에게 더 큰 이익을 가져오기 때문이다. 영아 살해는 집단이나 암사자의 관점에서 보면 전혀 이해되지 않지만, 수사자 개인의 관점에서 보면 아주 합리적이고 현실적인 행동이다. 수사자가 영아 살해를 실행할 능력이 있고 그렇게 함으로써 직접적인 이익이 돌아온다면, 영아 살해는 수사자의 행동 목록에 계속 남아 있을 것이다.

21

수원 청개구리는 왜 벼를 붙잡고 노래할까?

수원청개구리는 우리나라의 서해안 평야 지대에 주로 사는데, 최근 개체 수가 급격히 줄어들어 멸종위기종 1급으로 보호받고 있다. 수원청개구리는 번식기 때 수컷이 종종 수면 위로 올라와 벼를 붙잡고 노래한다. 수원청개구리는 왜 이런 독특한 행동을 할까?

수원청개구리는 생김새, 생태 및 행동이 청개구리와 구별하기 힘들 정도로 비슷해서 청개구리의 변이 정도로만 취급되어 왔다. 그러다가 비교적 최근인 1980년도에 노래와 유전자의 차이를 바탕으로 서로 다른 종으로 학계에 보고되었다.

청개구리와 수원청개구리를 구별하는 가장 쉬운 방법은 노랫소리다. 청개구리는 빠르고 낮은 소리로 '뺍뺍뺍' 노래하는데, 수원청개구리는 느리고 높은 소리로 '챙챙챙' 노래한다. 노래뿐만 아니라 노래하는 장소에서도 살짝 차이가 난다. 두 청개구리는 종종 같은 논에서 발견되는데, 청개구리는 주로 논둑이나 논둑 근처 흙무더기 위에 '앉아서' 노래하고, 수원청개구리는 논 한가운데서 종종 벼를 '붙잡고' 노래한다. 왜 청개구리와 수원청개구리는 노래하는 자세가 서로 다를까?

수원청개구리가 벼를 붙잡고 노래하는 행동을 총체적으로 이해하기 위해서는 이 행동의 근접 원인과 궁극 원인에 대한 질문을 모두 던져야 한다. 근접 원인은 우리가 보통 'how' 질문이라고 하는데, 주로 행동의 인과 관계와 발생에 관한 질문이다. 궁극 원인은 'why' 질문으로, 보통 진화와 기능에 관한 것이다.

》청개구리와 수원청개구리는 《
한쪽이 밀리는 경쟁 관계

수원청개구리가 벼를 부여잡고 노래하는 근접 원인은 무엇일까? 수원청개구리가 노래할 때 취할 수 있는 선택지는 '앉아서' 아니면 '붙잡고'다. 그래서 근접 원인에 대한 질문은 '수원청개구리가 논 안쪽으로 들어가 벼를 붙잡고 노래하게 하는 원인이 무엇인가?'로 바꿀 수 있다. 수원청개구리는 청개구리가 없으면 흙무더기에 앉아서 노래하는 것을 선호한다. 그런데 두 종이 동시에 같은 논에 있으면 수원청개구리는 논 안쪽에서 노래한다. 여기에서 '청개구리의 노래가 수원청개구리로 하여금 논 안쪽으로 들어가게 한다'는 가설을 세울 수 있다. 이 가설을 검증하기 위해 스피커로 청개구리의 노래를 수원청개구리가 있는 논에 들려주었다. 그랬더니 수원청개구리는 논 안쪽으로 이동했다. 이 실험 결과는 청개구리의 노래가 수원청개구리를 논 안쪽으로 이동시키고 벼를

붙잡고 노래하게 하는 요인임을 뜻한다.

　그런데 근접 원인에 대한 질문만으론 부족하다. 수원청개구리는 왜 청개구리보다 더 크게 노래하거나 청개구리를 공격해 노래하는 장소를 독차지하지 않을까? 다시 말해 수원청개구리가 벼를 붙잡고 노래하는 궁극 원인에 대한 이해가 필요하다. 이를 위해 '수원청개구리와 청개구리가 노래하는 장소를 두고 경쟁하는 관계'라는 가설을 세웠다. 이 경쟁 가설을 검증하기 위해 두 종의 청개구리가 같이 노래하는 논에서 청개구리만 일시적으로 제거했다. 그랬더니 수원청개구리는 논둑이 있는 쪽으로 이동했다. 그런데 노래하는 수원청개구리를 일시적으로 제거해도 청개구리는 논 안쪽으로 이동하지 않았다. 이 결과는 수원청개구리와 청개구리는 경쟁 관계지만, 수원청개구리가 일방적으로 밀린다는 것을 말해 준다.

　개구리 수컷이 노래를 불러 암컷을 유인할 때 좋은 자리를 두고 경쟁이 치열하다. 암컷 청개구리는 번식할 때만 논으로 들어와 산란한다. 논둑은 암컷이 지나가는 길목이라 여기를 선점하면 암컷을 유인할 확률이 높다. 보통 이런 길목에는 신체적으로 유리한 수컷들이 지킨다. 그런데 수원청개구리의 체격은 청개구리보다 전반적으로 5% 정도 작다. 따라서 수원청개구리는 신체적인 경쟁에서 밀려 불리한 장소인 논 안쪽으로 이동할 수밖에 없는 것이다.

　수원청개구리가 청개구리와의 경쟁에서 밀려 불리한 조건의 자원을 이용한다는 증거는 여럿 있다. 수원청개구리는 청개구리가 없는 환한 오후에 논으로 들어간다. 그러면 몇 시간 동안 노래를 마음껏 할 수는 있지만 새들에게 잡아먹힐 위험을 감수해야 한다. 수원청개구리는 나무에서 휴식을 취하다가도 정오쯤이면 나무에서 물러난다. 오후가 되면 청개구리가 나무로 오기 때문이다. 수원청개구리는 청개구리와 마주치는 상황을 의도적으로 피하는 것처럼 보인다.

》 벼를 붙잡고 노래하는 행동은 《 경쟁의 결과

수원청개구리의 노래하는 자세에 대해 근접 원인과 궁극 원인은 어느 정도 실마리를 얻었지만, 풀리지 않는 질문은 '왜 수원청개구리와 청개구리가 경쟁 관계일 수밖에 없는가'다. 수원청개구리의 원서식지는 늪에 가깝고, 청개구리의 원서식지는 산지에 있는 습지다. 아마 수원청개구리와 청개구리는 수십만 년간 따로 살아왔을 것이다. 이 두 종의 청개구리가 부딪치면서 살기 시작한 계기는 인간의 농경 생활인 것 같다. 인간이 농사를 짓기 시작하면서 자연 습지를 대부분 논으로 바꾸었고, 두 종의 청개구리는 어쩔 수 없이 논에서 함께 번식할 수밖에 없게 되었다. 같은 논에서 서로 경쟁하게 된 것이다.

수원청개구리가 논 안쪽에서 노래하면 청개구리와의 직접적인 경쟁을 피할 수 있고, 또 청개구리 노래의 간섭에서 어느 정도 벗어나서 암컷 수원청개구리에게 비교적 뚜렷한 위치 정보를 제공한다. 따라서 청개구리의 노래를 듣고 수원청개구리가 논 안쪽으로 이동해 노래하는 행동은 적응적이라 할 수 있다.

오랫동안 청개구리와의 경쟁 속에서 살아온 수원청개구리는 청개구리의 행동을 예측하고 민첩하게 움직이면서 생존하는 법을 터득한 것이다. 그러나 논 한가운데에는 논둑 같은 지지대가 없어 어쩔 수 없이 벼를 타고 올라가서 노래할 수밖에 없다. 이런 수원청개구리의 행동은 청개구리와의 경쟁 속에서 생존하기 위한 눈물겨운 노력이다. 만약 수원청개구리가 청개구리의 존재에 적절히 대응하지 않고 환경에 맞게 변화하지 않았다면, 지금 멸종 위기가 아니라 이미 멸종되었을지도 모른다.

동동이, 너 지금 뭐해?
혹시 어디 아프냐?

아뇨, 지금 알을
품고 있어요!

아니, 네가
에디슨도 아니고,
무슨 알을 품는다고!

제가 어디서 봤는데요, 새들은 알을
깨고 나오면 처음 본 움직이는 대상을
엄마로 안다고 하더라고요.

엄마!

어이쿠,
집에서
닭을 키우려고?

방금 네가 말한 게 바로 '각인'이란다.

각인은 동물행동학
창시자인 콘라트 로렌츠가
회색기러기 실험으로
알아낸 거야.

콘라트 로렌츠
(1903~1989)

콘라트 로렌츠 박사는 어린 시절,
동물을 좋아하는 부모님과 넓은 숲 옆에
있는 저택에 살았어. 덕분에 동물들과
가까이하며 살 수 있었지.

박사는 대학에서도 동물을 공부하고
싶었지만, 의사였던 아버지가 반대하는
바람에 대학에서 의학을 공부해야 했어.

의대 가라.

네…

아버지
아돌프
로렌츠

콘라트
로렌츠

대학에서 의학과 생물학으로 박사 학위를 받고 나서야 본격적으로 동물을 관찰하고 연구할 수 있었어. 그는 집에서 물오리와 앵무새, 까마귀, 까치 같은 다양한 새를 절반쯤은 길들였고, 개와 고양이, 다람쥐, 다양한 물고기까지 키웠단다.

그러던 어느 날, 박사가 알에서 갓 부화한 회색기러기 새끼를 어미에게 데려다주려는데, 그사이 새끼가 이 수염난 과학자를 어미로 '각인'해 버렸지.

저도 콘라트 로렌츠 박사님처럼 할래요!

좋아, 하지만 병아리는 너 스스로 책임져야 해!

얼마 뒤

엉엉엉!

왜 우냐?

제때 밥 주고, 제때 물 주고, 춥지 않게 해줘야 하고…. 쉴 틈이 없어요. 엉엉엉!

부직!

자, 이제 이 아빠의 심정을 알겠니?

흥!

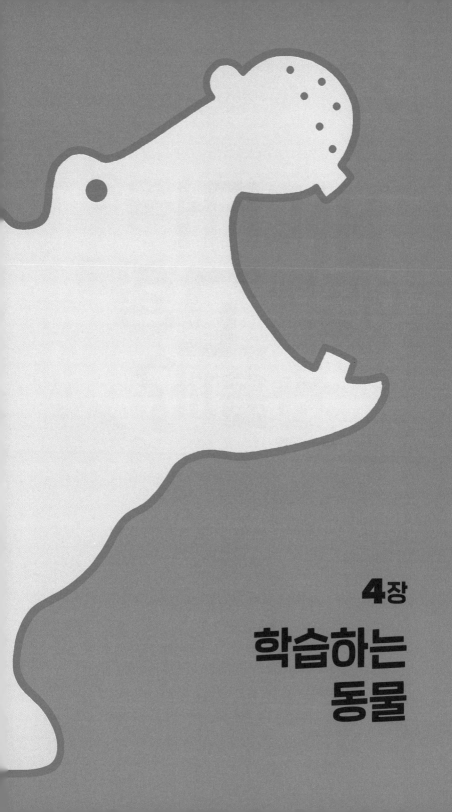

4장

학습하는
동물

22

바다거북은 어떻게 고향을 찾을까?

바다거북은 평생 바다에서 산다. 육지에 발을 디디는 건 태어날 때와 산란할 때뿐이다. 바다거북은 보통 태어나서 20~30년이 지난 후에 산란하므로, 산란하러 가려면 수십 년 전의 기억을 되살려야 한다. 바다거북은 어떻게 끝없는 망망대해에서 길을 찾아 처음 태어난 곳으로 되돌아갈까?

바다거북이 넓디넓은 대양 한복판에서 길을 잃지 않는 이유는 진정한 항해 능력이 있기 때문이다. 우리가 요즘 차로 이동할 때 내비게이션을 켜면 길을 잃을 걱정을 하지 않는다. 내비게이션에는 지도가 장착되어 있고, 이동통신망을 통해 현재 위치를 정확히 알수 있다. 이렇게 지도와 현재의 위치에 대한 정보를 갖고 이동할때 우리는 진정한 항해 능력이 있다고 한다. 그럼 바다거북도 전세계 바다 지도와 위치 정보를 갖고 있을까?

사람은 지형지물을 이용해 지도에 대한 감각을 발달시킨다. 산이나 산맥, 강, 들판 같은 지형지물의 조합을 이용해 길을 찾는다. 그래서 사막처럼 뚜렷한 지형지물을 찾기 어려운 곳에서는 방향 감각을 상실한다. 대양에서도 마찬가지로 뚜렷한 지형지물을 찾기 어렵다. 그럼 바다거북은 어떻게 길을 찾을까?

우리가 사는 지구는 하나의 거대한 자석이다. 북극과 가까운 지점에 '자북극'이 있고, 남극과 가까운 지점에 '자남극'이 있다. 자석 근처에는 자석의 영향을 받는 공간인 자기장이 형성된다. 자기장을 시각적으로 볼 수 있는 방법이 있다. 자석과 쇳가루를 테이블 위에 놓고 테이블을 살짝 두드리면 자석의 N극과 S극을 연결하는 선들이 만들어지는데, 이것을 자기력선이라 한다. 지구에도 마찬가지로 자북극과 자남극을 연결하는 자기력선이 있다. 사람은 이런 자기력선을 감지할 수 없지만, 많은 동물이 느낄 수 있다. 열대 지역에서는 자기력선이 지면과 수평으로 지나가고, 위도가 올라갈수록 지면과 비교해 자기력선이 경사진다. 그러다가 자북극이나 자남극에 가까이 가면 자기력선이 지면에서 거의 수직으로 뻗어 나간다. 이런 자기력선의 경사도를 이용하면 지구 위의 특정 위치를 감지할 수 있다. 그뿐만 아니라 자기력선은 지구 내부의 물질이나 지형지물 때문에 왜곡되기도 한다. 바다거북은 이런 자기력선의 방향과 세기를 이용해 바다 한가운데서 자신의 위치를 알아낸다.

》 자기력선의 방향과 세기를 《 세포에 '각인'하는 바다거북

바다거북은 알 상태로 모래사장에서 지내는 동안 그 장소의 특징적인 자기력선의 방향과 세기를 세포 속에 각인(imprinting)한다. '각인'은 학습의 한 방법으로, 발달 초기에 특정 자극을 특정한 물체나 개체와 연관시킨다. 각인의 가장 잘 알려진 예는 회색기러기 새끼의 유대 관계 형성이다. 물새 새끼들은 부화하면 처음 움직이는 자극을 엄마로 여기고 따라다닌다. 동물행동학의 창시자인 콘라트 로렌츠는 회색기러기 새끼들을 각인시켜 자신 또는 물양동이를 따라다니게 하는 실험을 진행했다.

바다거북 새끼는 자기력선에 각인된 후 부화한다. 그리고 모래를 파헤치고 올라와 해안선으로 기어간다. 운 좋게 생존한 바다거북은 바다에서 성장해서 산란할 때가 되면 자기력선의 경사도와 세기를 느끼면서 태어난 장소 근처의 바닷가로 향한다. 그러다가 각인된 자기력선의 경사도와 세기가 외부의 자기력선 자극과 일치하면 모래사장으로 올라와 산란을 시작한다.

》세계 어디에서도 《
고향을 찾을 수 있는 바다거북

바다거북이 태어난 장소의 자기장을 기억해 귀향한다는 결과는 미국의 로만 교수팀에 의해 밝혀졌다. 지구의 자북극과 자남극은 고정되어 있지 않고 매년 조금씩 움직이는데, 이에 따라 자기력선의 경사도도 바뀐다. 로만 교수팀은 19년 동안 매해 붉은바다거북의 산란 장소와 산란 밀도를 미국 플로리다 해안에서 기록했다.

재미있게도 산란 장소와 산란 밀도가 매년 바뀌었는데, 바뀐 정도가 바뀐 자기력선과 일치했다. 이 결과를 통해 바다거북이 지구의 자기장을 이용해 산란 장소를 찾는다는 것을 확인할 수 있었다. 바다거북은 이런 놀라운 능력 덕분에 전 세계 바다 어디에 있어도 고향에 찾아갈 수 있다.

23

노래새는 어떻게 노래를 배울까?

참새목의 명금류는 전 세계에 약 5,000종이 있는데 이 수치는 모든 조류종의 50%에 해당한다. 명금류는 노래를 잘 부르기로 유명해서 '노래새'라고도 한다. 조류는 대부분 소리를 이용해 의사소통하지만, 노래새는 아름답고 정교한 노래를 부른다. 노래새는 어떻게 노래를 배울까?

노래새는 다른 조류와 달리 재미있는 특징이 하나 있다. 다른 새들은 발성하는 노래를 본능적으로 알고 있어서 처음 노래를 불러도 비교적 완벽하게 부른다. 하지만 노래새가 노래를 제대로 부르려면, 어렸을 때 개인 교사 역할을 하는 새의 노래를 듣고 그 노래를 열심히 훈련해야 한다. 명금류 외에 앵무새와 벌새도 이런 학습을 통해서 노래를 배운다.

노래새가 개인 교사를 통해 노래를 배우는 과정을 '사회 학습'이라 한다. 사회 학습을 통해 노래를 배우다 보면 개인 교사에 따라 서로 다른 노래를 부른다. 보통 한 지역에 같이 사는 노래새는 노래를 공유하는 경우가 많다. 그런데 교류가 드문 이웃 지역의 노래새는 노래가 다르다. 종종 이웃하는 두 지역의 노래새는 기본적인 형식은 비슷하지만 구성이나 노래 요소가 다른 노래를 부르는데, 이것을 '방언'이라 한다.

노래새의 방언에 대한 비밀은 1960년대 미국의 동물행동학자 피터 말러 교수의 선구적인 연구에서 알려지기 시작했다. 말러 교수는 미국 서부에 흔한 흰정수리북미멧새의 노래를 녹음하고 분석해서 몇십 킬로미터 떨어진 지역에도 방언이 있다는 것을 규명했다. 그런 다음 노래 학습의 발달 과정을 조사하기 위해 이 새의 알을 가져와서 실험실에서 부화시켰다. 그리고 다른 새들과는 접촉 없이 한 마리씩 방음실에 고립시킨 채 먹이를 주며 키웠다. 이렇게 자란 멧새는 부화한 지 150일 정도 되면서 노래를 부르기 시작했다. 하지만 전혀 이해할 수 없는 비정상적인 노래였다. 노

학습하는 동물

래를 부르는 능력은 있었지만, 정확히 어떤 노래를 불러야 하는지
는 몰랐다.

》 개인 교사를 통해 《
노래를 배우는 노래새

실험실 환경에서 자란 멧새는 왜 완벽한 노래를 부르지 못할까?
말러 교수는 방음실에서 혼자 자란 멧새에게 노래 발달에 중요한
사회적 환경이 결핍되었다고 생각했다. 그래서 이번에는 다른 모
든 사육 환경은 똑같이 한 뒤, 어린 멧새에게 스피커를 통해 노래
를 들려주었다. 그랬더니 다 자란 멧새는 완벽한 노래를 부를 수
있었다.

　그런데 어린 멧새에게 태어난 장소와 전혀 다른 지역의 방언
을 들려주면 어떻게 될까? 예를 들면 전라도에서 태어난 멧새에
게 경상도 방언을 들려주면 어떻게 될까? 그랬더니 어린 전라도
멧새는 어른이 되어 경상도 방언을 노래했다. 한국 사람이라도 태
어나서 영어 환경에서 교육받고 성장하면 영어를 모국어로 말하
게 되는 것과 같은 이치다. 말러의 실험은 흰정수리북미멧새의 발
성 능력은 본능이지만, 부를 노래는 학습으로 결정된다는 것을 뜻
한다.

　말러의 실험은 새끼 멧새가 어릴 때 어른 수컷의 노래를 듣고
기억하고 있다가, 성장해서 어른 새가 되면 기억한 노래를 발성한
다는 사실을 보여 주었다. 그런데 어느 시기에 노래를 들어야 기

억해서 부르게 될까? 이 시기는 부화해서 10~50일 정도인데, 이때를 '민감기'라 한다. 부화한 지 얼마 되지 않은 새끼 멧새는 시각이나 청각이 발달해 있지 않기 때문에 여러모로 미숙하다. 그렇지만 이때 거의 빨아들이듯이 기억한 노래는 멧새의 뇌에서 평생 지워지지 않는다. 이때 멧새의 뇌는 아주 유연해서 어떤 방언이라도 잘 받아들인다.

그렇다고 아무 소리나 받아들이는 건 아니다. 멧새가 아닌 전혀 다른 종의 노래를 들려주면 어느 종의 노래도 부르지 못한다. 같은 종의 소리에 반응하는 이유는 노래하는 학습 능력이나 내용이 유전적으로 결정되기 때문이다.

》 완성된 노래를 부를 때 《
비로소 어른이 되는 멧새

멧새가 성장해 둥지를 떠나 독립하는 것을 '이소'라 한다. 이소한 멧새는 부모와 생김새와 크기가 거의 비슷한 청소년이다. 청소년 멧새는 아직 완성된 노래를 부르지 못한다. 청소년 멧새가 노래를 부르기 위해서는 끊임없는 훈련이 필요하다. 먼저 기억 속에 있는 노래를 끄집어내 실제 몸의 근육과 발성 기관을 움직여서 노래를 불러야 한다. 이때 나오는 소리에는 멧새의 대표적인 노래 요소가 들어 있긴 하지만 아직 불완전하며 속삭이듯 소리를 낸다. 사람으로 치면 옹알이에 해당한다.

청소년 멧새는 자기가 발성한 노래를 들으면서 기억 속에 있

학습하는 동물

는 노래와 대조한다. 처음에는 전혀 맞지 않지만, 기억 속에 있는 노래와 발성한 노래가 일치할 때까지 바로잡으면서 계속해서 연습한다. 멧새가 완성된 노래를 부를 수 있어야 비로소 성조, 어른 새가 된다.

24

노래새는 왜 노래를 배울까?

노래새는 왜 학습을 통해서 노래를 배울까? 왜 다른 새처럼 본능
적으로 노래를 발성하지 않고 굳이 개인 교사의 가르침과 학습이라는 번거로
운 과정을 거쳐서 노래를 발성하는 걸까?

노래새가 왜 학습을 통해 노래를 배우는지에 대한 가설은 많다. 지역마다 물리적인 환경이 다르고 그에 따라 소리가 잘 전달되는 음향 특징이 다르기 때문에, 학습을 통해 노래를 발성하면 그 지역의 음향 환경에 가장 적당한 노래를 부를 수 있다는 가설도 있다. 그뿐만 아니라 암컷은 보통 그 지역의 방언을 노래하는 수컷을 선호한다. 또 암컷이 그 지역 방언을 노래하는 수컷과 짝짓기를 하면 그 지역의 특징에 가장 적응한 유전자를 자손에게 물려줄 수 있다.

최근 연구에 따르면 노래 학습이 사회 환경의 안정성과 관계가 깊다고 알려졌다. 구성원이 늘 바뀌는 유동적인 사회 환경보다 구성원이 일정한 안정적인 사회 환경에서 노래 학습이 발달한다는 뜻이다. 새소리 연구자인 도널드 크루즈마는 북아메리카 대평원에서 방랑 생활을 하는 사초굴뚝새와, 같은 종이지만 일 년 내내 같은 장소에 사는 사초굴뚝새의 노래를 비교했다. 방랑 생활을 하는 사초굴뚝새는 종의 일반적인 특징만 노래하는 데 비해 정착 생활을 하는 사초굴뚝새는 다양한 종류의 노래를 했다. 왜 안정적인 개체군에서 다양한 노래가 발달할까?

》 안정적인 사회 환경에서 《 다양한 노래가 발달하는 이유

안정적인 사회 환경에서는 수컷이 영역을 지키면서 끊임없이 이웃 수컷과 경쟁한다. 이때 수컷은 노래를 이용해 경쟁의 강도를 조절한다. 수컷은 보통 부를 수 있는 노래가 여러 개인데, 이 노래 목록에서 적당히 선곡해 이웃하는 수컷에 대응한다. 예를 들면, A 수컷은 1, 2, 3, 4번 노래를 부를 수 있고, B 수컷은 3, 4, 5, 6번 노래를 부를 수 있다. A가 3번 노래를 불렀는데 B가 3번 노래로 응답하는 건 매우 공격적인 대응이다. A가 3번 노래를 불렀는데, B가 똑같은 곡은 아니지만 공유 목록에 있는 4번 노래로 응답하는 건 중간 정도의 공격적인 반응이다. 그런데 A가 3번 노래를 불렀는데, B는 공유하지 않는 6번 노래로 응답하면 B는 유화적인 반

       학습하는 동물

응을 보인 것이다.

노래새 수컷들은 노래를 이용해 상황에 따라 경쟁을 격화시키기도 하고, 완화시키기도 할 수 있다. 그래서 이웃과 공유하는 노래가 많으면 많을수록 다른 수컷과의 경쟁에서 유리해져 그 수컷이 영역을 지키는 기간이 증가한다. 공유하는 노래가 많다는 건 초보가 아니라 상대방 노래의 정보를 이용할 수 있는 경험 많은 수컷임을 뜻한다. 그러면 상대방은 이 수컷을 심각한 경쟁자로 받아들이게 되어 이 수컷은 영역을 보다 쉽게 유지할 수 있다.

조류는 독립할 때가 되면 수컷이 태어난 지역에 남고, 암컷이 태어난 장소를 떠나 분산하는 경향이 있다. 따라서 수컷은 한 지역에 사는 같은 무리의 수컷들과 오랫동안 마주치고 경쟁하게 된다. 이때 이웃의 노래를 많이 알고 있을수록 경쟁에 유리하므로, 어린 수컷은 이웃 수컷들의 노래를 학습할 필요가 있다. 오랜 기간 안정적인 무리를 유지하는 수컷들이 노래로 경쟁할 때 노래 학습은 수컷이 경쟁력을 유지하는 필수적인 수단이다.

》노래새의 발성 학습과《 사람의 언어 습득 과정이 비슷해

사람의 언어 습득 과정은 노래새의 발성 학습과 아주 유사하다. 사람도 노래새처럼 특정한 시기에 언어 학습이 빠르게 일어나고, 부단한 훈련을 통해 언어 능력이 완성된다. 또 사회 학습을 통해 언어를 습득하므로 방언이 잘 발달해 있다. 그뿐만 아니라 노래새와 인간은 발성 학습과 관련된 유전자의 발현도 매우 유사하다. 노래새와 인간에게 나타나는 발성 학습은 서로 독립적으로 진화한 '수렴 진화'에 해당한다. 수렴 진화는 새와 박쥐의 날개처럼 전혀 다른 종이 비슷한 환경에 적응하기 위해 결과적으로 비슷해진 진화다. 이것은 노래새와 인간은 발성 학습을 가능하게 하는 유전적인 요인들뿐만 아니라 발성 학습의 필요성에 대한 생태적 및 진화적 요인도 공유할 수 있음을 뜻한다. 동물 행동의 진화를 이해하는 것이 바로 인류의 진화를 이해하는 지름길이다.

25

버빗 원숭이는 어떻게 포식자 방어를 학습할까?

대부분의 동물은 늘 포식의 위험을 갖고 있다. 보통 다양한 종류의 포식자가 있어서 포식자에 따라 다르게 방어해야 한다. 버빗원숭이는 어떻게 다양한 포식자들에 대한 방어를 학습할까?

버빗원숭이는 아프리카의 천덕꾸러기이다. 사하라 사막 이남 아프리카에서 주로 서식하며, 크기는 고양이만 하다. 얼굴은 까맣고, 털은 회색이라 쉽게 눈에 띈다. 충분한 물과 잠을 잘 수 있는 나무만 있으면 어디에서도 살 수 있어 아프리카에서 가장 흔하게 마주치는 원숭이기도 하다. 그렇다 보니 개체 수가 늘어 도심에 출몰하거나 농작물에 큰 피해를 줘서 농부들은 버빗원숭이를 포획해 팔거나 죽이기도 한다.

버빗원숭이에게는 무서운 무기나 치명적인 독이 없다. 그래서 이 원숭이를 노리는 천적이 많다. 크게 세 종류로, 표범 같은 네 발 달린 육상 포식자, 독수리 같은 공중 포식자, 마지막으로 비단뱀이 있다. 각각의 포식자마다 버빗원숭이에게 접근하는 방식이 다르고, 따라서 포식자에 대한 버빗원숭이의 방어 방법도 각각 다르다.

》 포식자 종류에 따라 《
달라지는 경고음

동물들은 포식자가 다가오고 있다는 것을 동료들에게 알리기 위한 경고음을 발달시켜 왔다. 버빗원숭이에게도 포식자에 대응한 경고음이 잘 발달해 있는데, 포식자의 종류에 따라 경고음이 다르다. 표범 같은 육상 포식자가 달려오면 버빗원숭이는 개가 짖는 것과 비슷하게 캬악캬악 소리를 낸다. 그럼 다른 버빗원숭이들은 나무 위 높은 장소로 피한다. 하늘에 독수리가 나타나면 헛기침하는 소리를 내고, 그럼 땅에 있는 다른 버빗원숭이들은 위를 올려다보며 숲으로 숨는다. 비단뱀이 나타나면 껌 씹는 듯한 소리를 낸다. 그러면 다른 버빗원숭이는 주위를 잘 살피며 도망갈 곳을 찾는다. 버빗원숭이의 대응 방법은 포식자의 행동 특성을 반영한 것이다.

포식자의 종류에 따라 정확한 경고음을 발성하는 일은 버빗원숭이의 생존에 중요하다. 그래서 어린 버빗원숭이도 위험을 감지하면 본능적으로 경고음을 발성할 줄 안다. 그렇지만 아직 포식자를 정확히 구별하거나 포식자에 맞는 경고음을 선별하는 능력이 떨어져서 부모나 주위 어른으로부터 경고음 사용법을 배워야 한다.

어린 버빗원숭이가 하늘을 보고 있는데 갑자기 독수리가 나타나면 공중 포식자 경고음을 발성한다. 그러면 어른 버빗원숭이들은 위를 올려다보면서 독수리를 찾는다. 정말 독수리가 공중에 있으면 모두 독수리 경고음을 같이 외친다. 경고음 합창은 아직 눈치채지 못하고 있는 다른 버빗원숭이에게 알리는 효과도 있고, 처음 경고음을 낸 새끼에게 긍정적인 강화를 하는 효과도 있다. 어린 버빗원숭이는 어른들의 호응을 듣고 자기가 경고음을 맞게 발성했다는 것을 확신하게 된다.

》화답과 무시를 통해 《
사회 학습을 하는 버빗원숭이

그런데 하늘에 참새가 날아가는데 어린 버빗원숭이가 독수리 경고음을 냈을 경우 어른들은 공중을 보고 독수리가 아닌 것을 확인한다. 이때 어른들은 답하지 않고 침묵한다. 일종의 무시다. 그러면 새끼는 경고음을 잘못 발성했다는 것을 깨닫게 된다. 심지어 어떤 어미는 잘못 발성한 자기 새끼를 쥐어박기도 한다.

어린 버빗원숭이는 주위의 어른들로부터 경고음을 상황에 맞게 사용하는 방법을 배우는데, 이 과정을 사회 학습이라 한다. 동물들이 사용하는 학습 방법은 연관 학습, 공간 학습, 각인, 습관화 등 다양하다. 사회 학습은 다른 학습과 뚜렷한 차이점이 있다. 다른 종류의 학습은 다 스스로 하는데, 사회 학습만 남으로부터 배운다. 부모, 친구, 이웃에게도 배움이 가능하다. 우리가 가정이나 학교에서 어른들에게 배우고, 친구의 행동을 따라 하고, 유튜브나 SNS의 내용을 흉내 내는 것 모두 사회 학습의 일종이다.

모든 동물이 사회 학습을 통해 포식자에 대한 정보를 습득하지는 않는다. 사회 학습은 집단생활을 하거나 가족 단위로 양육하는 동물들에게 가능하다. 사회 학습은 개인 간에 빠른 정보 전달이 가능하므로 포식자나 먹이와 같은 중요한 정보를 교환하는 데 잘 사용된다.

26

지능이 가장 높은 동물은?

지능이 가장 높은 동물이 무엇이냐고 물으면 고민할 것도 없이 바로 사람이라고 대답할 것이다. 하지만 이건 우리가 사람이고 다른 동물을 아직 제대로 이해하지 못하기 때문일 수도 있다. 지능을 알려 주는 객관적인 기준이 있을까?

지능과 관련된 중요 활동인 인지능력, 사고 및 의사결정은 모두 뇌에서 일어난다. 그래서 오래전에는 뇌의 크기가 클수록 지능이 높다고 생각했다. 그런데 이 방법에는 문제가 있었다. 사람은 뇌의 크기가 약 1.3~1.4kg이지만, 코끼리의 두뇌는 무려 6kg이고, 향유고래는 약 8kg이다. 뇌의 무게로만 따지면 코끼리나 향유고래가 사람보다 지능이 몇 배 높다는 건데, 이 결론에 동의하는 사람은 많지 않을 것이다.

동물의 신체 기관의 크기는 몸무게와 밀접한 관련이 있다. 몸무게가 늘어날수록 신체 기관의 크기도 커진다. 코끼리의 큰 뇌는 코끼리가 진화하는 과정에서 뇌를 크게 발달시켜야 할 '선택압' 때문에 커진 것이 아닐 수 있다. 선택압은 환경의 변화에서 살아남을 수 있도록 유리한 형질을 갖게 하는 힘으로 작용한다. 코끼리는 몸무게가 늘어날수록 생존에 유리한 선택압이 작용했고, 코끼리의 뇌는 몸무게가 늘어나면서 같이 커진 것일 수 있다.

다음에는 뇌의 무게를 몸무게로 나눈 값으로 지능을 측정하는 방법을 개발했다. 그런데 이 방법에도 문제가 있었다. 작은 동물은 몸무게에 비해 뇌의 비중이 높게 나오고, 큰 동물은 뇌의 비중이 작게 나왔다. 보통 작은 새나 쥐와 같은 동물의 몸무게 대비 뇌의 비율이 사람의 비율보다 더 높거나 비슷하다. 그럼 작은 새나 쥐가 우리 인간보다 지능이 높은가? 이 결과도 그대로 받아들이기는 어려울 것 같다.

» 몸무게와 뇌 무게의 «
상대 성장을 반영한 두뇌화 지수

몸무게와 뇌 무게의 관계가 일정하지 않은 이유는 신경 세포의 크기와 관련이 있다. 신경 세포는 종과 관련 없이 비교적 크기가 일정하다. 몸무게가 늘어나면 신경 세포의 수도 많아지고, 두뇌도 커져야 한다. 그런데 어느 크기 이상부터는 신경 세포의 연결이 효율적으로 이루어지면서 몸무게가 늘어도 반드시 신경 세포의 증가를 요구하지 않는다. 즉 몸무게가 늘어나도 뇌가 비슷한 비율로 늘어날 필요가 없는 것이다. 이것을 상대 성장이라 한다.

몸무게와 뇌 무게의 상대 성장을 고려한 지능의 지표로 '두뇌화 지수'를 개발했다. 두뇌화 지수는 한 종의 기대 두뇌 무게와 실제 두뇌 무게의 비율로 표현한다. 사람의 두뇌화 지수는 7.4~7.8로 동물 가운데 가장 높다. 이 수치는 사람과 비슷한 몸무게의 다른 포유동물보다 7.4~7.8배 더 큰 두뇌를 갖고 있다는 뜻이다. 사람 다음으로 돌고래는 4.14이고, 그 뒤를 이어 침팬지는 2.2~2.5, 코끼리는 1.13~2.36이다. 개는 1.2이고, 고양이는 1이다. 고양이는 몸무게에 상응하는 뇌의 크기를 가진 셈이다.

두뇌화 지수는 조심스럽게 사용해야 한다. 포유류는 주로 네 발을 이용해 육상에서 이동하는 동물이고, 조류는 날개를 이용해 공중을 비행하는 동물이다. 포유류에도 박쥐처럼 비행하는 동물이 있고, 조류에도 타조처럼 비행을 포기한 새가 많다. 그렇지만 이런 특징은 일단 포유류나 조류로 진화한 다음 이차적으로 새로운 기능을 획득하거나 상실한 것이다. 뇌의 특정 부위는 분류군의 고유 활동을 잘하도록 발달했고, 따라서 분류군마다 두뇌화 지수를 따로 산정해야 한다. 그러므로 서로 다른 분류군끼리의 비교는 참고 정도만 해야 한다.

》 지능이 높지 않아도 《
성공적으로 살아가

두뇌화 지수가 높으면 정말 지능이 높을까? 지능은 보통 특정한 생태적 조건에서 발생하는 문제를 잘 해결하는 데 필요하다. 그 특정 생태적 조건은 풀을 먹는 동물보다 먹이를 포획해 먹는 동물, 혼자 사는 동물보다는 사회를 이루고 사는 동물, 영양이 높은 고기, 생선 및 과일을 먹는 동물이다. 이런 생태적 조건이 두뇌의 크기가 커지도록 선택압으로 작용했다는 뜻이다. 다시 말해 이런 생태적 조건의 선택압을 받지 않는 동물이라면 굳이 비싼 비용을 치르면서 뇌를 발달시킬 필요가 없다.

지능이 높은 동물이 번성하고, 성공적인 동물일까? 반드시 그렇지는 않다. 극단적으로 지능이 아예 없는 식물이나 세균도 동물만큼, 아니 동물보다 더 성공적으로 살고 있다. 지구에 지능이 높지 않으면서도 성공적으로 살아가는 동물은 무수히 많다.

27
지능이 높은 동물의 특징은?

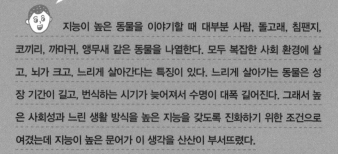

지능이 높은 동물을 이야기할 때 대부분 사람, 돌고래, 침팬지, 코끼리, 까마귀, 앵무새 같은 동물을 나열한다. 모두 복잡한 사회 환경에 살고, 뇌가 크고, 느리게 살아간다는 특징이 있다. 느리게 살아가는 동물은 성장 기간이 길고, 번식하는 시기가 늦어져서 수명이 대폭 길어진다. 그래서 높은 사회성과 느린 생활 방식을 높은 지능을 갖도록 진화하기 위한 조건으로 여겼는데 지능이 높은 문어가 이 생각을 산산이 부서뜨렸다.

두뇌화 지수는 주로 사람이 속한 포유동물을 대상으로 고안한 지표이기 때문에, 이 지수를 그대로 문어가 속한 연체동물에 적용하기는 어렵다. 그런데 문어의 두뇌화 지수는 척추동물의 두뇌화 지수와 비슷하고, 무척추동물 중에서는 가장 높다.

그런데 복잡한 사회 환경과 큰 뇌, 느리게 살기처럼 높은 지능을 갖도록 진화하기 위한 조건을 문어에게 적용하기는 어렵다. 문어는 평생 혼자서 살고, 양육도 거의 하지 않는다. 다시 말해 어린 문어는 부모나 주위의 다른 어른들로부터 배울 수 없다. 또 문어의 수명은 평균 2년 정도로 아주 짧다. 문어의 이런 특징은 높은 지능을 갖도록 진화하는 조건을 다시 한 번 생각하게 하는 계기가 되었다.

문어의 높은 지능은 다양한 사례와 관찰을 통해 쉽게 알 수 있다. 서태평양에서 서식하는 코코넛문어는 해저에서 발로 코코넛 껍질을 움켜쥐고 돌아다니곤 한다. 그러다가 포식자가 나타나면 코코넛 껍질 속에 숨는다. 평상시에 코코넛을 은신처 주위에 쌓아 놓고, 포식자가 나타나면 코코넛을 모아 갑옷처럼 만들어 방어한다. 코코넛문어는 도구를 사용하고, 문제 풀이를 할 수 있는데 이런 능력은 지능이 높은 동물의 전형적인 특징이다.

》 도구를 사용하고 《
행동 유연성을 가진 문어

지능이 높은 동물은 놀기 좋아하고, 한 가지 상황에 여러 가지 방법으로 대처하는 능력인 '행동 유연성'이 발달했다. 문어는 강력한 다리의 힘을 이용해 홍합을 비틀어 연다. 딱딱한 조개를 잡으면 입으로 가져다가 딱딱한 부리로 구멍을 낼 수 있다. 더 딱딱한 먹이는 부리 안쪽에 딱딱한 돌기가 잔뜩 있는 치설로 갈아서 구멍을 뚫는다. 그런 다음 독을 먹이 안에 넣어 마비시킨다. 이렇게 문어는 먹이의 종류를 구별하고, 거기에 맞는 방법으로 처리할 수 있는 행동 유연성이 있다. 다른 동물들은 대부분 한 가지 방법으로만 먹이를 먹으려고 한다.

문어는 왜 지능이 높아졌을까? 문어는 커다랗고 둥근 머리에 8개의 다리가 길게 뻗어 있는 모습을 하고 있다. 그런데 우리가 머리라고 생각하는 위쪽 부분은 문어의 복부에 해당하고, 문어의 머리는 눈이 있는 몸의 중간 부분이다. 그러니까 문어의 머리는 복부와 다리 사이에 있다. 그래서 문어는 머리에서 바로 다리가 뻗어 나오는데 이런 연체동물을 두족류라고 부른다. 두족류에 속하는 동물로는 문어 외에도 오징어, 갑오징어 및 앵무조개가 있다. 오징어도 문어와 더불어 지능이 높다고 알려졌지만, 소라나 조개처럼 단단한 껍질로 보호받고 있는 앵무조개는 전혀 그렇지 않다.

지금부터 약 2억 7천5백만 년 전 문어의 조상들은 껍질을 퇴화시키기 시작했다. 그 이유는 정확히 모르지만, 물고기와의 경쟁으로 더욱 빠르게 움직이기 위해서 또는 더 깊은 바닷속에서 생활하기 위해서 껍질이 사라졌다고 추측한다. 그 결과 문어는 더 빠르게 움직이고, 새로운 서식지를 개척할 수 있었다. 또 다리를 이

용해 좁은 틈에 있는 먹이를 먹을 수 있게 되면서 복잡한 사냥 방법도 개발했다.

》 지능 높은 동물의 공통점 《
행동 유연성

문어는 보호하는 껍질이 없어서 포식자의 공격에 취약하다. 그래서 다양한 방어 방법을 개발했는데 그중 하나가 몸빛을 빠르게 바꾸는 능력이다. 몸빛을 바꾸는 동물들의 피부는 살아 있는 색소 세포로 구성되어 있다. 놀라운 점은 색소 세포 하나하나가 신경과 연결되어 있어 뇌에서 명령을 내리면 바로 몸빛을 바꿀 수 있다는 것이다. 문어는 포식자를 보고 놀라거나 아니면 먹이를 보고 흥분하면 순간적으로 감정을 몸빛으로 표출한다.

연체동물은 사람이 속한 척추동물보다 무려 2억 3천만 년 빨리 지구상에 나타났다. 그러므로 문어의 지능은 사람이나 다른 똑똑한 척추동물의 지능과는 완전히 독립적으로 진화했다. 문어의 지능 연구에서 변하지 않는 진리는 예측 불가한 환경에 처했을 때 다양한 방법으로 대처할 수 있는 행동 유연성이야말로 지능이 높은 모든 동물의 공통점이자 생존의 비결이라는 것이다.

28

동물도 미래를 계획할까?

우리는 종종 과거 일을 회상하며 추억에 빠져든다. 수학여행 가서 놀던 생각, 길거리의 음악을 듣고 떠오르는 과거의 친구…. 그런가 하면 미래에 관한 생각으로도 가득 차 있다. 이번 시험을 잘 볼 수 있을까? 어떤 직업을 갖게 될까? 우리 뇌는 늘 과거의 일을 회상하고, 미래의 예상되는 일을 미리 고민하는 '정신적 시간 여행'을 한다. 동물도 이런 시간 여행을 할까?

과거 일을 회상하고 미래 일을 고민하는 정신적 시간 여행을 하려면 개인적 경험을 기억해야 한다. 어떤 사건이 일어난 시간과 장소, 내용을 기억해야 하는데, 이것을 '일화 기억'이라 한다. 이 밖에 세상에 대한 사실적인 지식과 관련된 기억인 '의미 기억'도 있다. 사칙연산의 원리, 무서운 포식자, 물질의 성질 같은 것들이다. 일화 기억과 의미 기억의 가장 중요한 차이점은 시간이다. 의미 기억은 시간에 상관없이 사실이지만, 일화 기억은 특정 시간에서만 가능하다.

동물도 사람처럼 기억할 수 있다. 꿀벌은 수 킬로미터를 날아서 꽃꿀과 화분을 채집한 다음, 여왕벌과 동료가 있는 둥지로 정확히 찾아갈 수 있다. 침팬지는 이보다 훨씬 복잡한 기억력을 갖고 있어서 나무의 열매, 그 열매가 있는 장소, 동료들 하나하나를 기억할 수 있다. 그런데 동물도 과거를 기억해 유의미한 정보를 추출하고, 이를 이용해 미래를 대비할 수 있을까?

》 불확실한 미래에 대비해 《
먹이를 저장하는 동물들

까치, 때까치, 어치 같은 까마귀과의 일부 새들은 여분의 먹이를 영역 내에 숨겨 놓는데, 이 행동을 '먹이 저장'이라 한다. 이 새들은 저장해 놓은 먹이를 이용해 먹이가 없는 기간이나 춥고 긴 겨울을 극복한다. 북미에 서식하는 캘리포니아 덤불어치는 곤충, 과일, 견과류까지 다양한 먹이를 식단으로 갖고 있다. 덤불어치는 먹이를 종종 숨겨 놓는데, 한 장소에 숨기면 다른 덤불어치한테 한꺼번에 도난당할 수도 있어서 영역 여기저기에 먹이를 조금씩 저장한다. 덤불어치는 무려 200여 개의 장소를 기억하며 심지어 저장한 먹이의 종류도 안다. 그뿐만 아니라 몇 달이 지나도 기억한다.

먹이 저장은 분명 미래의 불확실성을 대비하는 계획적인 행동이다. 먹이 저장을 하는 동물은 까마귀과 새 말고 다람쥐 같은 동물들에게도 발견되는데, 그럼 이 동물들은 모두 정신적 시간 여행이 가능할까? 이게 가능하다는 것을 증명하려면 사건이 벌어진 시간, 장소, 내용을 기억하고, 이 정보를 적절하게 활용할 수 있는 능력이 있다는 것을 보여 줘야 한다. 사실 이 부분이 동물 연구의 가장 어려운 점이다. 사람은 과거의 사건과 미래의 계획을 말로 표현할 수 있지만, 동물은 내부 상태를 정확히 알 수 없으므로 동물의 행동을 이용해 증명해야 한다.

최근 진행된 캘리포니아 덤불어치 실험은 동물도 일화 기억이 가능하다는 것을 보여 준다. 덤불어치에게 120시간 간격을 두고 땅콩과 애벌레를 각각 쟁반 위에 저장하도록 했다. 한 쟁반에는 땅콩을 먼저 저장하고, 120시간 후에 애벌레를 저장하게 했다. 다른 쟁반에는 애벌레를 먼저 저장하고, 120시간 후에 땅콩을 저장하게 했다. 그런 다음 다시 4시간이 지난 후에 저장해 둔 먹이를 찾아 먹도록 했다.

덤불어치는 두 종류의 먹이 중 애벌레를 선호한다. 그렇지만 애벌레는 120시간이 지나면 썩기 때문에 먹을 수 없다. 처음 땅콩을 저장하고, 나중에 애벌레를 저장한 쟁반에 간 덤불어치는 바로 애벌레를 찾아 먹었다. 반면 처음 애벌레를 저장하고, 나중에 땅콩을 저장한 쟁반에서는 애벌레를 거들떠보지도 않고 땅콩을 먹었다. 124시간 넘게 저장한 애벌레는 썩었을 거라고 판단해 바로 땅콩을 찾아 먹은 것이다. 이 실험 결과는 덤불어치의 기억 속에 시간에 대한 개념이 있다는 것을 보여 준다.

》 미래를 예측해 《
상황에 맞게 준비하는 덤불어치

덤불어치가 미래를 계획할 수 있다는 다른 실험 결과도 있다. 덤불어치가 3개의 칸이 일렬로 되어 있는 우리에 있다. 가운데 칸(O)에는 먹이가 있고, 양쪽 끝에 있는 칸(X, Y)에는 먹이를 담는 쟁반이 있다. 낮에는 X, O, Y칸을 모두 사용하고, 밤에는 양쪽 끝(X, Y)에 있는 한 칸에 갇혀 보낸다. 만약 X칸에서 밤을 보내면 다음 날 아침에 바로 먹이를 주었다. 그런데 Y칸에서 밤을 보내면 다음 날 아침 일어나고 2시간 뒤에 먹이를 주었다. 이렇게 훈련을 한 후 가운데 칸에 먹이를 놓아두었더니 덤불어치는 Y칸에 주로 먹이를 저장했다. 덤불어치가 Y칸에서 자면 다음 날 아침 2시간 정도는 굶어야 한다는 것을 알고 이에 대비한 것이다.

두 번째 실험에서는 밤을 보내고 나면 다음 날 아침에 X칸에는 소나무 씨앗을 주고, Y칸에는 개 사료를 먹이로 주었다. 그랬더니 덤불어치는 X칸에는 개 사료를 저장하고, Y칸에는 소나무 씨앗을 저장했다. 덤불어치는 각 칸에 제공될 먹이를 예측해서 부족한 먹이를 미리 저장해 식단을 다양하게 만든 것이다. 덤불어치의 행동은 분명 미래 상황을 예측하고, 그 상황에 맞게 먹이를 준비한다는 것을 보여 준다. 이런 덤불어치의 먹이 저장 행동은 동물도 정신적 시간 여행이 가능하다는 단서를 제공한다.

최근 연구 결과에 따르면 일화 기억과 미래 계획을 담당하는 신경 회로가 같다고 한다. 따라서 과거에 대한 기억과 미래에 대한 계획은 마치 동전의 앞뒷면이라 할 수 있다. 기억의 주된 기능은 과거의 사건을 재구성해 앞으로 벌어질 일에 대한 창조적 시뮬레이션을 하는 것이다. 따라서 다양한 사건을 경험하는 일이 미래를 대비하는 최고의 방법이다.

29

동물은 왜 학습할까?

포식자에 대한 정보는 동물이 생존하는 데 아주 중요하다. 포식자에 대한 정보를 본능으로 갖고 태어나면 학습할 필요 없이 바로 포식자에 대한 방어를 할 수 있다. 하지만 동물은 왜 포식자에 대한 정보를 학습해서 획득할까?

동물은 생존하는 데 필요한 중요한 정보를 본능적으로 갖고 태어나는 경우가 많다. 본능적인 정보는 학습 없이 바로 발현한다. 포식자의 인지와 대응 방법을 본능으로 갖고 있으면, 그 포식자를 처음 보자마자 바로 방어를 할 수 있다.

본능에 바탕을 둔 포식자 방어 행동은 유리한 점도 있지만, 불리한 점도 있다. 본능적인 행동은 한번 시작되면 융통성이 없이 그대로 실행한다. 주변 환경이 바뀌어도 아랑곳하지 않는다. 잡아먹히는 '피식자'가 잡아먹힐지도 모른다는 위험에 민감하게 반응하면 먹이 활동이나 번식 같은 다른 생산적인 활동에 들어가는 노력은 줄어든다. 그러면 자칫 피식자는 아무런 활동도 하지 못한 채 그 환경에서 살아가기 어려울 수도 있다.

동물이 살아가는 환경은 고정되어 있지 않다. 여기서 환경은 물리적인 환경뿐만 아니라 포식자와 피식자 같은 생물 환경도 포함된다. 한 지역에서 포식자가 피식자에게 미치는 영향을 '포식압'이라 한다. 한 지역에서 포식압이 일정하다고 해도 포식의 위험도는 늘 변화한다. 포식자가 휴식을 취하는 시간이거나 짝짓기하는 기간에 포식의 위험은 현저하게 낮다. 피식자는 포식의 위험이 크면 경계를 높이거나 활동을 줄이고, 포식의 위험이 낮으면 생존에 필요한 다른 활동을 한다. 따라서 피식자는 잡아먹힐 위험의 수준에 따라 유연하게 대비함으로써 포식의 피해를 줄이면서 살아갈 수 있다.

》 학습을 통해 변화하는 환경에 《
유연하게 대처할 수 있어

피식자가 포식의 위험에 유연하게 대처해야 하는 이유는 또 있다. 환경은 늘 변화하고, 이전에 없던 새로운 포식자가 등장할 수 있다. 피식자가 새로운 포식자에 대해 본능적인 방법으로만 대응한다고 가정해 보자. 먼저 자연 선택을 통해 포식자에 대한 정보를 유전자에 새겨 넣고, 적절한 방어를 개발해야 한다. 이런 자연 선택을 통한 진화는 오랜 시간이 필요하다. 따라서 적절한 방어 행동을 가지기 위해 진화하기 전에 피식자는 포식으로 사라질 수 있다.

그렇지만 새로운 포식자에 대한 정보를 학습해 행동을 취하면, 포식자에 즉각적으로 내처할 수 있다. 사회 학습은 어미에서 자식으로뿐만 아니라 동료에서 다른 동료로도 전달된다. 그러면 새로운 포식자에 대한 정보가 무리에 빠르게 퍼져 무리 전체가 새로운 포식자에 대처할 수 있다.

동물들이 학습을 통해 포식자를 빠르게 인지하고, 적절히 대응하는 예는 많다. 미국 옐로스톤 국립공원에 늑대를 도입했더니, 초식 동물의 행동에 큰 변화가 일어났다. 이곳에 사는 말코손바닥사슴은 사슴과에서 가장 큰 동물로, 늑대는 떼를 지어 이 사슴의 새끼를 사냥한다. 어미 말코손바닥사슴은 새끼를 늑대에게 잃으면 늑대에 대한 경계심이 훨씬 높아진다. 늑대의 울부짖는 소리를 들려주면 새끼를 늑대에게 잃은 어미 말코손바닥사슴은 그렇지 않은 어미보다 경계 행동이 무려 500%나 증가했다.

버빗원숭이는 경계 행동, 경고음 발성 및 회피 행동 같은 간단한 행동 규칙을 본능으로 갖고 있다. 그러나 이런 행동을 구사하는 대상이나 시기는 버빗원숭이가 사는 환경에 따라 결정된다. 모든 포식자에 대해 본능적인 방어 방법을 개발하기보다 포식자가 나타나면 이를 육상 포식자, 공중 포식자 또는 뱀으로 분류해 적당한 회피 행동을 취한다.

왜 어린 버빗원숭이는 포식자 같은 중요한 정보를 어른에게 배울까? 어른들은 그 지역에서 오랫동안 살아오면서 그 지역의 포식자 정보를 갖고 있다. 어른들은 동료가 포식자에 의해 희생당하는 것을 경험했다. 이렇게 얻은 소중한 경험을 어른으로부터 전달받은 어린 버빗원숭이는 그 지역에서 바로 당당한 무리의 일원으로 살아갈 수 있다.

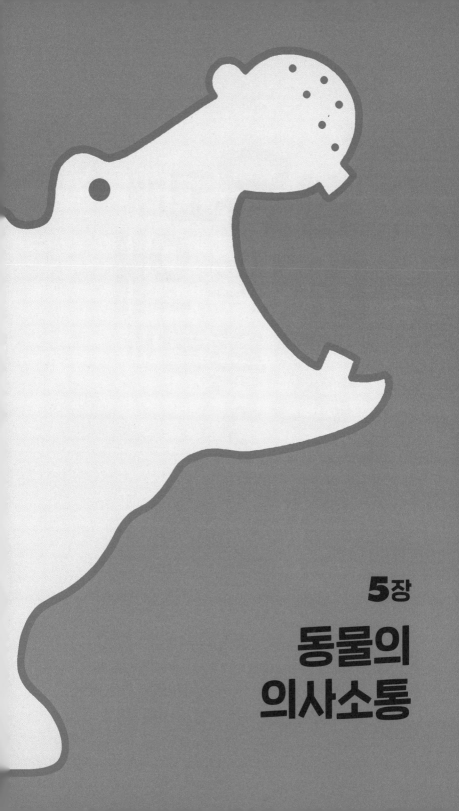

5장

동물의
의사소통

30

향유고래 머리는 왜 뭉툭할까?

물속에 사는 물고기나 고래는 물의 저항을 줄이기 위해서 유선형 몸을 갖고 있다. 이런 관점에서 보면 향유고래의 모습은 아주 특이하다. 몸길이의 1/30이나 차지하는 머리가 마치 이층버스처럼 뭉툭하게 생겼기 때문이다. 향유고래는 왜 이렇게 생겼을까? 또 거대한 머리는 어떤 역할을 할까?

고래는 크게 수염고래와 이빨고래로 나뉜다. 이 둘은 먹이를 잡아먹는 방법이 다른데, 수염고래는 먹이를 걸러 먹는 여과 섭식자이지만, 이빨고래는 이빨로 먹이를 포획해 먹는다. 주로 돌고래, 범고래, 향유고래가 이빨고래에 속한다. 향유고래는 이빨을 가진 모든 동물 중 가장 큰데, 수컷의 길이는 16~20m이고, 몸무게는 41~80톤이나 나간다.

이층버스처럼 생긴 향유고래 머리의 비밀은 머리 내부에서 실마리를 얻을 수 있다. 향유고래의 머리 속에는 경뇌유라 불리는 기름이 최대 1,900리터나 차 있다. 18세기에서 20세기까지 고래를 잡는 포경업이 전 세계적으로 발달했는데, 이 포경업의 주요 목표가 향유고래의 경뇌유였다. 경뇌유는 최고급 기름으로 달콤한 냄새가 나며, 용도도 다양해서 양초, 화장품, 의약품 재료로 사용되었다. 특히 정밀 기계에 들어가는 윤활유로 사용되어 산업 혁명 당시 필수 원료로 취급받았다. 이 때문에 향유고래는 거의 멸종 위기까지 몰렸다가 다행히 1972년 고래기름의 사용을 금지하면서 향유고래의 수도 다시 늘고 있다.

》 고래사냥의 목적이 된 《
향유고래의 경뇌유

오랫동안 거친 바다를 항해해야 하는 고래 사냥은 쉬운 일이 절대 아니었지만, 향유고래 포경은 특히 위험했다. 비교적 얌전한 수염고래와는 달리 향유고래는 사냥에 적극적으로 방어하고 심지어 공격도 하기 때문이다. 특히 수컷은 더욱 공격적이다. 향유고래는 위협을 느끼면 육중한 몸무게와 뭉툭하고 거대한 머리를 이용한 박치기를 구사한다. 향유고래는 머리 앞쪽에 경뇌유 쿠션이 있어서 박치기를 해도 뇌진탕이 잘 생기지 않는다고 한다. 1820년 11월 20일 미국의 포경선 에섹스호가 남태평양에서 몸길이가 25m나 되는 수컷 향유고래에게 들이받혀 침몰한 사건이 가장 유명하다. 이 공격으로 21명의 선원 중 8명만 생존했고, 이 사건은 허먼 멜빌이 소설『모비 딕』을 쓰는 데 영감을 주었다.

향유고래는 거대한 머리를 방어 목적으로도 사용하지만, 머리 속 경뇌유의 실제 용도는 의사소통이라고 알려져 있다. 물속에서는 소리의 전달 속도가 공기 중에서보다 4배 이상 빠르고, 멀리까지 전달된다. 이런 특징을 이용해 향유고래는 다른 고래처럼 소리를 이용해 의사소통하고, 거리를 측정해 항해하는 데에도 사용한다. 이것을 반향 위치 측정이라고 하는데, 소리를 내보내고 물체에 부딪쳐 돌아오는 반향(echo)을 듣고, 물체의 위치를 알아내는 것이다. 돌고래나 향유고래는 반향 위치 측정을 이용해 어두운 바닷속에서 먹이도 찾고, 장애물도 피한다.

반향 위치 측정을 잘 이용하려면 소리 에너지를 한곳으로 모아야 한다. 돌고래를 보면 이마가 불룩 튀어나와 있는데, 이것은 '멜론'이라는 지방질 때문이다. 돌고래가 초음파를 생성해 멜론으로 보내면, 소리 에너지가 사방으로 흩어지지 않고 앞쪽으로 쭉쭉 뻗어 나간다. 멜론을 통과한 소리 에너지는 흔히 '초음파 빔'

이라 불린다. 향유고래는 경뇌유가 이 역할을 하는데, 멜론보다 성능이 뛰어나다. 향유고래는 빔을 이용해 가장 선호하는 먹이인 깊은 바닷속 대왕오징어를 추적하는 것으로 알려져 있다.

》초음파 빔을 만들기 위해《
경뇌유가 필요

최근에 향유고래의 위에서 향유고래의 먹이라고 보기 어려운 작고 빠르게 유영하는 물고기들을 발견했다. 그런데 물고기들에는 향유고래의 이빨 자국이 전혀 나 있지 않았다. 육중한 향유고래가

어떻게 이렇게 작은 먹이를 잡았을까? 한 가지 가능성은 초음파 빔을 이용해 먹이를 기절시키는 방법이다. 강력한 소리 에너지를 경뇌유를 통해 내보내 먹이를 기절시켜 잡아먹는다는 가설이다. 향유고래는 거대한 머리 덕분에 제트 엔진보다 더 시끄러운 230데시벨의 소리를 내보낼 수 있는데 경뇌유로 그 에너지를 모을 수 있다면 작은 물고기들은 충분히 기절시킬 수 있다. 그러고 보면 향유고래의 뭉툭하고 거대한 머리의 비밀은 강력하고 효과적인 초음파 빔의 사용과 관련이 깊어 보인다.

31

세상에서 가장기이한 동물은?

이 세상에서 가장 기이한 동물을 꼽을 때 아마 오리너구리는 빠지지 않을 것이다. 오리너구리는 호주 동부의 산악 지대와 태즈메이니아섬의 개울이나 강에 주로 산다. 오리너구리는 포유류로 분류되지만 조류, 심지어 파충류의 특징도 갖고 있다. 오리너구리는 왜 이렇게 기이한 특징을 갖고 있을까?

오리너구리는 포유류다. 오리너구리가 가진 포유류의 특징은 모피이다. 오리너구리의 모피는 수달의 모피처럼 아주 부드럽고 방수 능력이 뛰어나다. 긴털과 속털 사이에 공기를 가둘 수 있어서 물속에 들어갔을 때 이 공기층이 방수와 보온 기능을 한다. 오리너구리의 속털은 수달의 털보다 밀도가 높아 20세기 초반 사냥꾼들에게 엄청난 희생을 당하기도 했다.

그런데 오리너구리는 새끼를 낳아 번식하는 포유류와 달리 껍질이 있는 커다란 알을 낳는다. 껍데기가 있는 알을 낳아 번식하는 척추동물은 조류와 파충류이다. 조류의 알은 껍데기가 딱딱

동물의 의사소통

하고 탄성이 없어 깨지기 쉽다. 하지만 파충류의 알은 껍데기가 가죽처럼 질기고 탄성이 좋아 잘 깨지지 않는데, 오리너구리 알도 비슷하다. 이것은 파충류의 특징이다. 마지막으로 오리너구리의 부리를 보면 '도널드 덕' 부리처럼 두툼하고 길쭉하게 뻗어 나왔다. 게다가 발에는 오리처럼 물갈퀴가 있다. 이것은 조류의 특징이다.

》 조류와 파충류의 특징을 《
어떻게 갖고 있을까

오리너구리가 유럽 과학자들에게 처음 알려졌을 때, 그들은 지어낸 거라고 생각했다. 그래서 영국의 박물학자 조지 쇼는 오리너구리의 표본을 처음 보았을 때 부리와 머리의 연결 부위에 꿰맨 흔적이 있는지 유심히 살펴보기도 했다. 또 찰스 다윈은 오리너구리가 화석에서나 볼 수 있어야 한다고 말했다.

오리너구리는 왜 이렇게 기이한 특징을 갖고 있을까? 그 이유는 포유류의 조상이 파충류로부터 갈라지는 초기에 나타난 동물이기 때문이다. 포유류가 새끼를 생산하는 방법은 크게 세 가지다. 포유류는 대부분 사람처럼 어느 정도 발달한 새끼를 출산한다. 이에 비해 캥거루나 코알라 같은 유대류는 태반이 불완전해 작고 미성숙한 새끼를 낳고, 새끼는 어미의 육아낭에서 성장한다. 마지막으로 오리너구리와 가시두더지는 알을 낳아 번식하는 포유류로, 이런 동물을 단공류라 한다.

오리너구리나 가시두더지는 한때 호주에서 가장 우세하고 흔한 포유류이었다. 곤드와나 대륙에서 처음 기원했는데, 이 대륙은 지금의 아프리카, 남아메리카, 호주 및 남극 대륙을 포함한 거대한 원시 대륙이었다. 그러다가 이 대륙에 육아낭을 가진 유대류가 등장하면서 단공류는 점점 밀리기 시작했다. 유대류는 새끼를 육아낭에서 키워 훨씬 더 안전하게 보호할 수 있다. 이때 살아남은 단공류는 오리너구리처럼 주로 물에 사는 동물이었다. 물속까지는 유대류의 세력이 미치지 않았다. 가시두더지는 오늘날 육상에서 살지만, 가시두더지의 조상은 물속에 살았다.

오리너구리는 밤에 물속에서 활동한다. 오리너구리는 먹이를 찾을 때 눈도 감고, 귀도 막아 버린다. 그렇다고 후가을 이용히지도 않는다. 그럼 도대체 어떻게 먹이를 찾을까? 그 비결은 바로 부리에 있다. 오리너구리는 부리를 좌우로 저으면서 개울 밑바닥을 뒤적인다. 부리의 예민한 촉각을 이용하기도 하지만, 부리로 전기를 감지할 수 있는 능력이 더 중요하다.

》전기를 감지해《
먹이를 찾는 오리너구리

모든 생명체는 미약한 전기를 띠고 있다. 예를 들면 근육을 수축하거나 신경에서 신호를 전달할 때 전기가 발생한다. 오리너구리는 이를 감지해 먹이를 찾을 수 있다. 개울 밑바닥에 묻혀 있는 먹이도 전기를 감지하면 쉽게 찾을 수 있다.

전기 신호는 널리 사용되는 빛, 소리, 또는 화학 신호와 달리 제약이 많다. 공기는 전기를 전달하지 않아 육상에 사는 동물은 전기 신호를 사용하기 어렵다. 그래서 전기 감각을 사용하는 동물은 민물이나 바다에만 존재한다. 게다가 전기 신호는 멀리 전달하기 어렵다. 이런 단점들 때문에 전기 신호는 탁한 물속이나 어두운 장소처럼 다른 감각 기관이 잘 작동하지 않는 환경에서 주로 이용된다.

오리너구리는 분명 화석에서나 발견되어야 할 존재이다. 오늘 우리 눈으로 볼 수 있는 이 행운은 오리너구리가 호주라는 아주 외딴 대륙에 처박혀 있었기 때문에 가능했다. 지리적 고립은 외길로의 진화를 이끌고, 결국 다른 데서 볼 수 없는 독특한 특징을 가능하게 한다. 덕분에 시간을 되돌려야 가능했던 포유류의 초기 진화도 들여다볼 수 있게 된 것이다.

32

흰발농게는 왜 집게다리를 흔들까?

많은 동물의 수컷은 종종 거대한 무기를 갖고 다른 수컷과 경쟁한다. 사슴의 뿔, 사슴벌레의 큰턱, 농게의 커다란 집게다리 같은 것들이다. 이런 형질은 암컷을 유인하기 위해 필요하지만, 다른 수컷과 직접적인 경쟁을 할 때 주로 사용된다. 무기의 크기는 싸움의 승패를 결정하지만, 간혹 사기꾼이 등장하기도 한다. 싸움 능력은 약한데 무기를 크게 만들어 허세를 부리는 것이다. 이런 거짓을 막을 방법이 있을까?

우리나라 서해안 갯벌에는 다양한 종류의 게들이 산다. 대부분 작고 칙칙해서 눈에 잘 띄지 않지만, 유독 눈에 잘 들어오는 게가 있다. 커다랗고 하얀 집게다리 하나를 위아래로 움직이며 눈길을 끄는 흰발농게다. 흰발농게는 열 개의 다리를 가진 십각목에 속한다. 십각목은 새우, 바닷가재, 가재, 게 등을 포함하는 갑각류의 한 종류다. 흰발농게의 제일 앞에 있는 다리 한 쌍에는 집게가 있고, 나머지 네 쌍은 이동하는 데 사용한다. 그런데 집게다리 한쪽이 다른 쪽보다 엄청나게 크다. 큰 집게다리는 몸길이보다 두 배 정도 길고, 무게도 몸무게의 1/3이나 차지한다.

갯벌은 영양분이 풍부한 지역이다. 밀물 때 바닷물과 함께 많은 플랑크톤이 갯벌로 들어왔다가 썰물 때 남아 있기 때문이다. 이런 영양분은 갯벌을 생물 다양성이 높은 지역으로 만든다.

흰발농게는 갯벌에 파놓은 굴을 중심으로 살아간다. 굴은 바닷물이 가장 높은 만조 때도 농게가 떠내려가지 않고 지낼 수 있게 하고, 짝짓기에도 중요하다. 암컷과 수컷 모두 굴에서 사는데, 굴에 한 마리씩 산다. 흰발농게는 굴 주위에서 먹이 활동을 한다. 집게다리를 이용해 플랑크톤이 잔뜩 있는 모래를 입으로 가져와 플랑크톤을 긁어 먹고, 모래는 다시 버린다. 해안가에 가면 구슬 같은 모래 알갱이를 볼 수 있는데, 이것은 모두 게들이 먹이 활동을 한 결과이다.

》큰 집게다리로 《
집을 지키는 흰발농게

무기는 실제 싸움보다도 과시할 때 더 잘 사용된다. 갯벌에는 굴이 없는 방랑자 수컷들이 호시탐탐 굴을 빼앗으려고 돌아다닌다. 이런 방랑자 수컷들로부터 굴을 지키기 위해 수컷은 큰 집게다리를 흔들어 자신의 건재함을 과시해야 한다. 그래도 방랑자 수컷이 물러서지 않으면 큰 집게다리를 맞물리고 힘자랑을 해서 결판을 낼 수도 있다. 수컷의 집게다리가 크면 클수록 굴을 지키는 데 유리하다. 방랑자 수컷은 웬만큼 덩치와 무기 크기에서 우위에 있지 않은 이상 쉽게 덤비려고 하지 않기 때문이다.

그런데 다른 수컷과 싸우거나 탈피하는 과정에서 큰 집게다리가 떨어져 나가기도 한다. 다행히도 흰발농게는 다음 탈피에서 집게다리를 재생시킬 수 있다. 하지만 큰 집게다리를 새로 만드는 것은 쉬운 일이 아니다. 그래서 흰발농게는 큰 집게다리가 떨어진 자리에 작은 집게다리를 재생시키고, 작은 집게다리를 크게 만든다.

재생 집게다리는 모양이나 크기가 원래 집게다리와 거의 비슷하지만, 전반적으로 가늘고 가볍다. 무엇보다 집게다리 안에 들어 있는 근육의 양이 훨씬 적어 악력에서 차이가 난다. 이런 약점에도 재생 집게다리는 상당히 효과적이다. 재생 집게다리를 흔들면 지나가는 암컷이나 수컷은 구별하지 못한다. 원래 집게다리를 가진 수컷이 도전을 해 와도 재생 집게다리를 가진 수컷이 성공적으로 도전을 막을 수도 있다.

》 종종 통하지 않는 《
거짓 신호

재생 집게다리를 이용한 허세가 통하지 않을 때도 있다. 보통 방랑자 수컷은 집게다리를 흔드는 수컷을 보면 물러나지만, 일부 방랑자 수컷은 심각하게 도전한다. 심지어 굴 안으로 쳐들어와 상대방 집게다리를 잡아당겨 굴 밖으로 끌어내리려고 한다. 굴의 주인은 굴 안에서 잘 버티면 굴을 지킬 수 있지만 굴 밖으로 끌려 나오면 패배한다. 재생 집게다리를 가진 수컷은 악력이 약한 탓에 이런

몸싸움에서 밀려 굴을 내줄 수밖에 없다.

싸움 능력을 알려 주는 신호는 보통 생성하는 데 비용이 많이 들고, 속이기도 쉽지 않다. 거짓 신호 또한 처음부터 잘 드러나지 않도록 설계되기 때문에 쉽게 탐지되지 않는다.

그러나 거짓 신호가 흔해지면 더 이상 신뢰받지 못한다. 따라서 거짓 신호가 개체군에 많이 나타나기도 어렵다. 그런데 잘 작동하는 의사소통에는 빈도가 높진 않지만, 거짓 신호가 존재하는 경우가 많다. 이런 거짓 신호를 걸러내는 방법은 확실하게 길고 짧은 것을 대보는 길이다.

동물의 의사소통

33

카멜레온은 왜 변색할까?

카멜레온은 몸빛을 순식간에 자유자재로 바꿀 수 있다. 이런 능력은 문어나 오징어 외에 다른 동물에서는 찾아볼 수 없다. 카멜레온의 변색은 다른 동물의 변색과 달리 빠르게 다양한 색을 구사할 수 있다. 카멜레온은 어떻게 그리고 왜 변색할까?

몸의 색을 바꾸는 변색은 호르몬이나 신경 신호 때문에 일어난다. 따라서 표피 세포가 살아 있어야 가능하다. 그래서 변색이 가능한 동물은 주로 양서류, 파충류, 어류 또는 두족류이다. 포유류나 조류 같은 동물들은 죽은 세포인 모피나 깃털로 덮여 있어서 변색할 수 없다. 변색할 수 있는 동물은 표피 아래에 색소 세포가 있고, 이 색소 세포에는 색소를 갖고 있는 작은 주머니가 많이 있다. 이 색소 주머니가 세포 내에 뭉치거나 골고루 퍼지면서 변색이 된다. 멜라닌을 포함한 색소 주머니가 뭉치거나 퍼지면 동물의 몸빛이 어둡거나 환해진다. 어류나 양서류가 이런 색소 세포를 이용한 변색한다.

그런데 카멜레온은 이런 방법으로 변색하는 것이 아닌 것으로 밝혀졌다. 어떻게 카멜레온은 다양한 색으로 몸빛을 바꿀 수 있는 걸까?

카멜레온은 그 어떤 동물보다 놀라운 색의 다양성과 변색 속도를 갖고 있다. 더욱 놀라운 것은 색소 세포의 종류가 많지 않은데도 다양한 색으로 변색할 수 있다는 점이다. 카멜레온은 평상시에 초록색을 띠고 있는데, 재미있게도 카멜레온의 색소 세포에는 초록색 색소가 없다. 그럼 초록색은 어디서 오는 걸까?

》 광결정 간격을 조정해 《
몸빛을 바꾸는 카멜레온

카멜레온의 표피 아래에는 노란 색소를 가진 색소 세포가 있다.

이 색소 세포 아래에는 작은 알갱이들이 일정한 간격을 이루며 격자 모양으로 쌓여 있는 구조물이 있다. 이 작은 알갱이를 '광결정'이라 하는데, 광결정 사이의 간격은 보통 130나노미터이다. 빛이 표피 세포를 통과해 광결정에 도달하면 광결정은 파란색 빛만 반사하고, 나머지 빛은 흡수한다. 그러면 광결정에서 반사된 파란색 빛이 그 위에 있는 노란색 색소 세포와 합쳐져 초록색을 띠게 되는 것이다.

카멜레온은 광결정 간의 간격을 조정해 간단하게 변색한다. 광결정 간격을 조정하면 다른 색의 빛이 반사된다. 평상시에는 파란색 빛을 반사하다가 외부 자극을 받으면 초록색, 노란색, 주황색, 빨간색 빛을 반사해 다양한 색을 빠르게 만드는 것이다.

그런데 카멜레온은 왜 변색할까? 가장 전통적인 대답은 주위의 환경과 색조를 맞춰 위장하기 위해서라는 것이다. 그러나 위장에 필요한 색은 다양할 필요도, 빠르게 바뀔 필요도 없다. 최근에는 위장보다는 체온 조절이나 의사소통 기능을 한다는 실험 결과가 쌓이고 있다.

카멜레온은 외부의 온도에 따라 체온이 바뀌는 변온 동물이다. 그런데 몸빛을 이용하면 어느 정도 체온 조절이 가능하다. 만약 체온이 낮으면 어두운 색으로 변색해 빛을 흡수하고, 체온이 높으면 밝은 빛으로 변색해 빛을 반사하는 것이다.

》 변색을 하는 이유는 《
체온 조절과 의사소통

카멜레온의 빠른 변색은 의도나 싸움 능력을 상대방에게 전달하는 의사소통의 도구로도 가치가 있다. 아라비아반도에서 서식하는 베일드카멜레온은 수컷과 수컷이 마주치면 몸빛을 화려하게 바꾸고 뚜렷한 줄무늬를 만들기도 한다. 줄무늬가 더욱 뚜렷할수록, 머리 부분의 색이 밝을수록 싸움에서 승리할 확률이 높다. 변색 능력은 신체적인 접촉을 하지 않고도 수컷 간 경쟁의 승부를 결정지을 수 있다.

수컷은 짝짓기를 목적으로 암컷을 유인할 때도 변색한다. 수컷은 암컷을 마주치면 화려하고 뚜렷하게 변색한다. 암컷도 관심이 있으면 옅은 녹색으로 변색한다. 그러나 관심이 없으면 어두운 색으로 변색하고, 심지어 수컷에게 공격적으로 나오기도 한다.

카멜레온의 변색은 뇌의 명령으로 신경을 통해 신호가 전달되므로 의사소통 같은 빠른 정보 교환이 가능하다. 그러므로 카멜레온의 색은 현재의 의도를 그대로 드러내는 셈이다. 우리는 보통 동물이 무슨 생각을 하는지, 무슨 의도를 가졌는지 알 수 없다. 그저 행동을 보고 추측을 할 뿐이다. 카멜레온의 변색이 의사소통이 맞다면 우리는 카멜레온의 변색을 통해 마음을 읽는 셈이다.

34

동물도 거짓말을 할까?

개똥벌레와 반딧불이는 서로 다른 종이지만, 모두 빛을 이용해 의사소통한다. 개똥벌레와 반딧불이 수컷은 비행하면서 배 끝에 있는 발광 기관에서 빛을 내 짝짓기할 상대를 찾는다. 인간의 의사소통처럼 개똥벌레와 반딧불이의 의사소통에도 거짓이 존재한다. 거짓 의사소통이 왜 그리고 어떻게 유지될 수 있을까?

개똥벌레와 반딧불이 수컷은 종마다 빛을 내는 패턴이 다르다. 이들이 하늘을 날며 빛을 반짝거리면 암컷들은 지면에서 지켜본다. 그러다가 마음에 드는 수컷이 지나가면 암컷도 배 끝의 발광 기관을 이용해 수컷에게 신호를 보낸다. 물론 암컷도 종마다 신호가 다르고, 수컷의 신호에 맞춰서 정확히 신호를 내보낸다. 수컷은 암컷의 신호를 보고 지면으로 내려와 짝짓기를 시도한다.

그런데 개똥벌레 암컷은 생각이 좀 다르다. 개똥벌레 암컷은 독을 이용해 자신을 방어하는데, 그러려면 독성 물질이 필요하다. 독성 물질을 구하는 가장 쉬운 방법은 독이 있는 반딧불이를 잡아먹는 것이다. 그래서 공중에 반딧불이 수컷이 날아다니며 발광하면 슬쩍 '반딧불이 암컷'의 신호를 내보낸다. 그러면 반딧불이 수컷이 지면으로 내려와 개똥벌레 암컷에게 다가간다. 보통 수컷보다 훨씬 크고, 배고픈 개똥벌레 암컷은 반딧불이 수컷을 잡아먹는다. 개똥벌레 암컷은 양의 탈을 쓴 늑대라고 생각하면 된다.

반딧불이 수컷은 사랑을 목적으로 의사소통했는데 결과는 죽음이다. 이렇게 의사소통은 악용당하기 쉽고, 그 결과는 치명적이기도 하다. 이런 속임수는 개똥벌레와 반딧불이처럼 서로 다른 종에도 나타나지만, 같은 종의 의사소통에도 흔하게 나타난다.

중남미에 사는 꼬리감는원숭이는 몸집이 작아서 노리는 포식자가 많다. 그 가운데에서도 소형 고양이과 포식자가 아주 치명적이다. 그래서 꼬리감는원숭이는 포식자를 목격하면 경계음을 발성해 무리의 다른 원숭이들이 피할 수 있게 한다.

원숭이가 속한 영장류 사회는 뚜렷한 서열이 있는 경우가 많다. 꼬리감는원숭이 무리에서 서열이 가장 높은 개체는 알파수컷과 알파암컷이다. 무리의 서열은 자원에 먼저 접근할 수 있는 권한을 뜻한다. 이들은 서열이 낮은 원숭이들보다 앞서 자원을 얻는다. 입에 있는 먹이까지 빼앗아 간다. 그래서 서열이 낮은 원숭이는 항상 주위를 살피면서 조심스럽게 먹이로 다가간다. 또 주위에 서열이 높은 원숭이가 있으면 언제든지 양보해야 한다.

그래서 서열이 낮은 원숭이는 한 가지 속임수를 사용한다. 서열이 높은 원숭이들이 먹이를 독차지하고 있을 때 거짓으로 경계음을 내는 것이다. 그러면 먹이를 먹던 원숭이들은 혼비백산해 도망간다. 때를 놓치지 않고 서열이 낮은 원숭이는 먹이로 재빨리 다가가 몇 개를 낚아채 도망간다. 서열 높은 원숭이가 거짓 경계음임을 깨닫고 돌아오기 전까지 잠깐의 시간을 이용하는 것이다.

그런데 반딧불이와 꼬리감는원숭이가 서로의 의사소통 신호를 믿을 수 없다고 판단하면 어떻게 될까? 발광 또는 경계음을 이용한 의사소통은 더 이상 사용되지 않는다. 이런 거짓에도 의사소통이 유지되는 이유는 뭘까?

다시 반딧불이 수컷으로 돌아가 보자. 왜 거짓이 있어도 의사소통은 지속될까? 반딧불이 수컷은 왜 개똥벌레 암컷이 호시탐탐 노리고 있는데도 지면의 불빛에 반응할까? 짝짓기를 할 때 지면에 있는 반딧불이 암컷의 수보다는 공중을 날아다니는 수컷의 수가 훨씬 많다. 그래서 반딧불이 암컷이 지면에서 수컷에게 신호를

동물의 의사소통

보내면 보통 여러 마리의 수컷이 반응을 하고, 거의 동시에 암컷에 접근한다. 이때 가장 먼저 접근하는 수컷이 짝짓기에 유리하다. 반면 그만큼 더 많은 위험도 수반한다. 재빠르고 용감한 수컷은 개똥벌레의 거짓 신호에 속아 넘어갈 확률도 높다.

》평균적으로 손해를 보면《 의사소통은 사라진다

그러면 조심스럽고 사려 깊은 반딧불이가 생존에 유리할까? 개똥벌레 암컷의 불빛에 잘 반응을 하지 않으면 반딧불이 암컷이 보내는 불빛도 무시할 확률이 높다. 오래 살 수는 있지만 자손을 남기지 못해 이런 수컷의 행동은 다음 세대에 전달되지 않는다.

그럼 용감한 수컷과 소심한 수컷 중 누가 유리할까? 이 질문에 대한 대답을 하려면 많은 요인을 고려해야 하지만 한 가지 상황을 설정해 볼 수 있다. 바로 지면에 있는 개똥벌레 암컷의 밀도다. 개똥벌레 암컷이 드물게 있으면 용감한 수컷이 유리하고, 개똥벌레의 암컷이 많으면 아무래도 소심한 수컷이 좋다. 그렇지만 개똥벌레 암컷이 너무 많아지면 반딧불이 수컷은 더 이상 지면의 불빛에 반응을 하지 않게 된다. 바로 의사소통이 사라지게 되는 경우이다. 적응은 완벽할 필요는 없다. 단지 다른 대체 형질들에 비해 평균적으로 더 성공적이면 그 형질은 지속될 수 있다. 위험이 따르지만 지면에 있는 불빛에 반응하는 행동이 무시하는 행동보다 성공적이면 반딧불이의 의사소통은 유지될 것이다.

초콜릿

동동이 너는 꿀벌 같구나.

제가요?
저는 무서운 침도 없는데,
왜요?

아니, 꿀벌은 꽃이 있는 장소를
알려 줄 때 춤을 추거든.

오스트리아의 동물학자
카를 폰 프리슈는
꿀벌이 추는 춤의 뜻을
최초로 해석했어.

카를 폰 프리슈
(1886 ~ 1982)

카를 폰 프리슈는 1973년 콘라트 로렌츠,
니콜라스 틴베르헌과 함께 노벨 생리의학상을
수상했어. 꿀벌을 꾸준하게 관찰한 덕분이었지.

자연 상태에서 곤충을 연구하려면 몇 날 며칠을
같은 자리에서 움직이지 않고 연구해야 해.
하지만 이건 너무 힘든 일이라 카를 박사는 최대한
자연 상태를 유지할 수 있게 꿀벌을 아주 넓은
면적에서 키워 관찰했어.

특히 카를 박사는 꿀벌들이 어떻게 의사소통하는지에 대해 관심이 많았어. 꿀벌이 날아다녀 꽃이 가득 핀 꽃밭을 찾았을 때 어떻게 동료들에게 알릴까?

그랬더니 꿀벌들은 꽃이 가까이 있을 때는 원형 춤을, 먹이가 멀리 있을 때는 8자춤을 췄지. 8자춤을 출 때 엉덩이를 흔드는 횟수가 적을수록 거리는 가깝고, 횟수가 많을수록 거리가 멀다는 뜻이야.

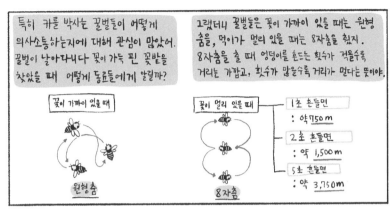

꽃이 가까이 있을 때

원형춤

꽃이 멀리 있을 때

8자춤

1초 흔들면
: 약 750 m

2초 흔들면
: 약 1,500 m

5초 흔들면
: 약 3,750 m

심지어 태양과 꽃밭의 각도를 계산해 춤을 춘다는 것도 밝혀냈지.

꿀벌도 생각보다 꽤 똑똑한데요!

오~

그렇지?

슉!슉!슉!슉!

아빠, 그럼 우리도 춤으로 의사소통해 봐요! 이건 무슨 뜻일까요?

어디 가니?

아니, 그건 무슨 춤?

거기 식탁 위 종이에 사인 한 번만 부탁드려요!

이걸 못 알아들었구나!

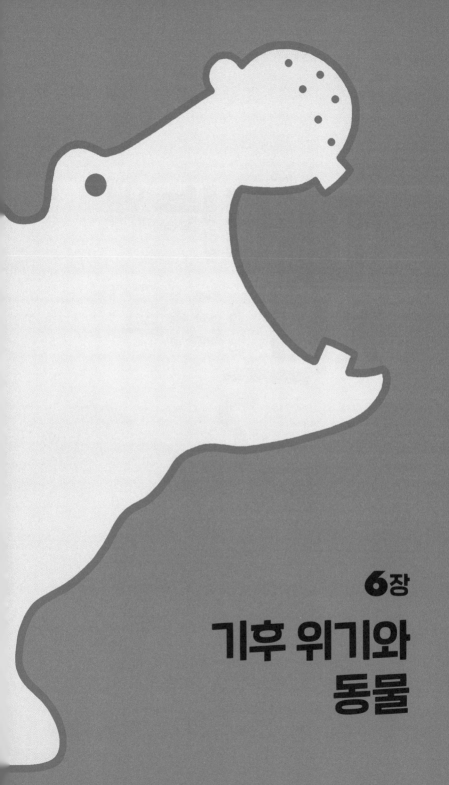

6장

기후 위기와
동물

35

매미는 왜 시끄러울까?

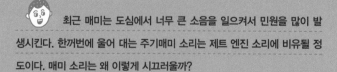

최근 매미는 도심에서 너무 큰 소음을 일으켜서 민원을 많이 발생시킨다. 한꺼번에 울어 대는 주기매미 소리는 제트 엔진 소리에 비유될 정도이다. 매미 소리는 왜 이렇게 시끄러울까?

매년 여름이 되면 북아메리카의 로키산맥 동쪽에서는 주기매미가 대량으로 출현한다. 주기매미는 크게 두 가지 종류가 있는데 한 종류는 13년마다, 또 다른 종류는 17년마다 출현한다. 만약 2024년에 주기매미의 노래를 놓치면 각각 2037년과 2041년까지 기다려야 한다. 물론 다른 지역으로 가면 다른 주기를 가진 주기매미를 볼 수 있다.

한 생명체가 태어나서 죽을 때까지의 과정을 '한살이'라고 한다. 곤충의 한살이는 길어 봐야 2~3년인 데 반해 주기매미의 한살이는 13년 또는 17년으로 엄청 길다. 왜 그렇게 길까? 재미있게도 주기매미의 주기인 13년과 17년은 소수다. 1과 그 수 자신 이외의 자연수로는 나눌 수 없는 자연수를 소수라 한다. 20보다 작은 소수는 2, 3, 5, 7, 11, 13, 17, 19다. 다른 매미의 한살이도 대부분 2~5년 사이다. 그러므로 이들의 한살이도 소수다. 주기매미는 땅속에서 13년 또는 17년을 보내고 땅 위에 동시에 출현해 겨우 3, 4주만 활동한다. 이런 점으로 보아 주기매미가 땅속에서 오랜 시간을 보내고 소수 해에 출현하는 이유는 포식자가 주기매미의 출현을 예측하기 어렵게 하기 위함이라고 설명한다.

》 포식자를 피하기 위한 《 소수 13, 17

매미의 주요 포식자는 새이다. 보통 포식자는 몇 년을 주기로 대발생한다. 만약 한 지역에 3종의 새들이 있고, 이 새들은 각각 3,

4, 5년을 주기로 대발생한다고 가정해 보자. 그런데 13이나 17이라는 숫자는 3, 4 또는 5로 나눠지지 않는다. 그러므로 한 지역에서 포식자인 새들이 대발생하는 시기와 주기매미가 출현하는 시기는 일치하지 않는다. 포식자가 소수인 해마다 출현하는 주기매미의 출현 시기를 예측하기도 어렵다.

대부분 매미는 곤충 가운데 중대형에 속하지만 자체적으로 갖고 있는 방어력은 거의 없다. 보통 곤충은 큰턱을 이용해 방어한다. 그러나 나무의 수액을 빨아먹고 사는 매미의 주둥이는 빨대처럼 생겨서 방어 행동에 쓸모가 없다. 게다가 매미는 낮에 활동하는 주행성이고 큰 소리로 노래하므로 포식자의 관심을 쉽게 끈다. 이렇게 방어력도 없으면서 포식자의 주의를 끄는 행동을 하는 곤충이 취할 수 있는 포식자 방어법은 그렇게 많지 않다.

》 동기화된 집단 행동은 《
포식자 방어 전략

매미가 취할 수 있는 한 가지 방어법은 희석 효과다. 엄청나게 많은 수의 매미가 동시에 출현하면 근처에 있는 포식자를 배부르게 먹이고도 충분한 수의 매미들이 살아남을 수 있다. 이 방법은 아주 많은 곤충이 아주 짧은 기간에 출현해 동시에 짝짓기해야 가능하다. 물론 많은 수의 개체가 포식자에게 속절없이 당하겠지만, 그러고도 충분히 많은 개체가 성공적으로 짝짓기하고 산란할 수 있다.

주기매미의 생활사와 행동은 이 희석 효과 전략과 맞아떨어진다. 주기매미의 밀도가 높은 곳에서는 제곱미터당 370마리가 태어나기도 한다. 밀도가 높은 곳에서는 주기매미의 사체를 쓰레받기로 쓸어 담을 정도다. 게다가 수컷 주기매미들은 동시에 노래하는 탓에 비행기의 엔진 소리만큼 시끄럽다.

매미는 크고, 눈에 띄는 행동을 하고, 방어력도 신통치 않기

때문에 많은 포식자가 노린다. 이들 모두에 대비해 완벽한 방어법을 개발하기는 쉽지 않다. 하지만 동기화된 집단 행동과 예측하기 힘든 출현 시기로도 충분히 포식자의 위협에 대응할 수 있다. 잡아먹히는 숫자보다 더 많은 수가 태어나 번식할 수 있으면 그 생명체는 지속된다.

기후 위기와 동물

36

황소 개구리는 왜 괴물이 되었을까?

황소개구리는 다른 개구리뿐만 아니라 물고기, 가재 심지어 개구리의 포식자라고 알려진 뱀도 크기가 작으면 잡아먹을 수 있다. 그래서 황소개구리는 전 세계적으로 가장 악명 높은 100대 침입종 중 하나로 알려졌다. 황소개구리는 왜 괴물이 되었을까?

침입종으로 악명 높은 황소개구리의 원래 서식지는 미국의 동부 지역이다. 하지만 지금은 중남미, 서유럽, 그리고 우리나라를 포함한 동아시아에서도 발견된다. '침입종'은 원래 서식지를 벗어난 외래 생물로, 새로운 생태계로 들어가 심각한 문제를 일으킨다. 번식기 때 황소개구리 수컷은 낮은 음으로 '음어어어어~' 소리를 크게 내는데, 이 소리가 마치 황소가 내는 소리와 비슷해서 황소개구리라 부른다. 황소개구리의 몸무게는 보통 200~400g으로, 습지에 서식하는 작은 동물에게 공포의 대상이다. 황소개구리는 입에 들어갈 수 있는 것은 무엇이든 다 잡아서 집어넣는다.

황소개구리가 생태계에 주는 피해는 고유종을 잡아먹는 것뿐만이 아니다. 지난 몇십 년간 전 세계 양서류는 항아리곰팡이병에 걸려 떼죽음을 당했고, 일부는 멸종했다. 항아리곰팡이는 개구리 피부에 퍼지는 곰팡이로, 개구리에게 피부병을 일으킨다. 개구리는 피부 호흡을 해서 피부가 항상 축축해야 하는데, 피부병이 몸을 뒤덮으면 숨을 쉬지 못해 질식사하고 만다.

반면 황소개구리는 피부가 튼튼해서 이 병에 걸려도 견딜 수 있다. 황소개구리는 항아리곰팡이병의 숙주 역할을 하다가 다른 개구리들에게 전염시킨다. 실제 우리나라에서도 황소개구리가 발견되는 지역의 청개구리에게 더 흔하게 이 병이 발견된다.

황소개구리 말고도 우리나라 생태계에 심각한 피해를 끼치는 침입종은 붉은귀거북, 뉴트리아, 돼지풀, 가시박, 환삼덩굴 등이 있다. 이들은 이제 너무 익숙해 우리 생태계의 일원처럼 보이

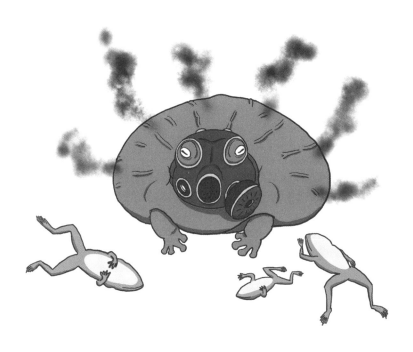

지만 모두 우리나라 생태계에 악영향을 끼치는 침입종이다. 실제로 도심 공원 연못에서 보이는 거북 대부분이 외래 거북이다. 하천을 따라 산책을 하다 보면 어디서나 하천 변을 뒤덮고 있는 가시박을 발견할 수 있다. 침입종은 왜 이렇게 성공적일까?

》 10% 규칙에 따라 《
탈출·정착·확산하는 외래 생물

영국의 생태학자 윌리엄슨에 따르면 외래 생물이 침입종이 되는 과정에 10% 규칙이 있다고 한다. 국내에 들어온 외래 생물은 탈출, 정착, 확산의 단계를 거쳐 침입종이 된다. 국내에 들어온 외래 생물 중 10%가 야생으로 탈출하고, 이 가운데 10%가 정착하고,

정착한 종의 10%가 광범위하게 확산해 침입종이 된다. 10% 규칙은 외래 생물의 위협을 실제보다 저평가한다는 비판을 받고 있지만, 실제 야생에서 큰 피해를 입히는 종은 몇몇으로 한정되어 있다. 따라서 이 규칙은 왜 특정 외래 생물이 더 잘 탈출하고, 더 잘 정착하고, 더 잘 확산하는지에 관한 연구에 통찰력을 준다.

심각한 피해를 끼치는 침입종들에게는 몇 가지 공통점이 있다. 침입종은 새로 정착한 생태계에 위협이 되는 포식자나 기생자가 드물다. 하나의 생태계에는 오랜 기간에 걸쳐 진화하면서 균형과 견제가 존재한다. 어느 한 종이 다른 종을 초식하거나 포식하면서 동시에 다른 종에게 포식당하거나 기생당한다. 하지만 새로운 생태계에는 침입종을 견제하는 포식자나 기생자가 드물다. 이런 경우 침입종은 쓸 수 있는 에너지를 방어 대신 성장이나 경쟁 능력을 키우는 데 집중할 수 있다. 그 결과 침입종은 높은 번식률을 자랑하는 경우가 많다.

먹이 선호도에 따라 동물들을 제너럴리스트와 스페셜리스트로 나눈다. 제너럴리스트는 선호하는 먹이가 있긴 하지만 일반적으로 다양한 종류의 먹이를 먹는다. 이에 비해 스페셜리스트는 특정한 종류의 먹이만 찾아 먹는다. 스페셜리스트는 특정한 먹이를 잘 찾거나 잡을 수 있도록 행동이나 형태가 발달해 있고, 그 먹이로부터 더 많은 에너지를 얻을 수 있게 소화 기관도 전문화되어 있다. 반면 제너럴리스트는 전반적으로 먹이를 얻거나 찾거나 소화시키는 것에 대한 효율이 스페셜리스트에 비해 떨어진다. 그렇지만 평균 이하의 환경 조건이나 완전히 새로운 환경에서도 먹이를 찾아 먹을 수 있는 장점이 있다. 보통 침입종은 제너럴리스트다.

침입종이 가진 성격이나 행동 특징도 중요한 생존 요인이다. 외래 생물은 우연히 다른 생태계로 이주하게 된다. 생물종이 화물선에 실리는 컨테이너에 들어가는 경우가 좋은 예이다. 이때 생물종은 컨테이너를 이상적인 휴식 장소로 여겨 용감하게 들어가고, 또 그 안에서 사람 눈에 잘 띄지 않게 숨는다. 또 새로운 장소를 탐험하거나, 새로운 먹이를 시도하는 용감한 성격과 행동도 침입종의 정착과 확산에 아주 중요하다.

》 인간의 활동이 《
침입종이 유리해지도록 돕는다

원서식지를 떠나 새로운 생태계에 들어가 정착하는 일은 절대 쉽지 않다. 그러므로 침입종은 새로운 생태계라는 도전을 딛고 일어나 번식하고 확산할 수 있는 매우 성공적인 생물종이라고 할 수 있다. 또 기회를 잘 포착해 새로운 미지의 세계에 도전하고, 탁월한 경쟁력으로 다른 종을 제압할 수 있으며, 현실적으로 부닥치는 문제를 해결하는 성격과 행동 능력을 갖추고 있다.

안타까운 점은 침입종이 생태계를 파괴하는 모든 과정에서 인간의 활동이 침입종에게 유리하게끔 도와주어서, 침입종이라는 괴물을 만든다는 점이다.

37

비둘기는 왜 닭둘기가 되었을까?

한때 평화의 상징이라고 칭송받던 비둘기는 이제 도시 미관을 해치고, 지저분한 몰골로 도심을 누비고 다녀 혐오의 대상으로 전락했다. 사람이 옆을 지나가도 아랑곳하지 않고, 길거리의 버려진 음식이나 토사물을 먹기에 정신이 없다. 또 불어난 몸집 때문에 '날아다니는 쥐' 또는 '닭둘기'라는 불명예스러운 이름으로 불리고 있다. 비둘기는 왜 닭둘기로 전락하게 되었을까?

비둘기를 포함한 온대 지역의 작은 새들은 예측하기 힘든 환경에서 살아간다. 특히 겨울에는 밤 온도가 영하로 내려가기 때문에 추운 곳에서 노출된 채 밤을 보내야 한다. 새들이 추운 밤을 무사하게 보낼 수 있는 이유는 몸에 따뜻한 난로를 갖고 있기 때문이다. 새들은 몸에 축적해 놓은 지방을 분해할 때 나오는 열을 이용해 몸을 덥힌다. 사람을 포함한 포유류와 조류는 대사 과정에서 만들어지는 열을 이용해 겨울에도 겨울잠을 자지 않고 활동하면서 보낼 수 있다.

새들이 대사 열을 이용해 체온을 따뜻하게 유지하려면, 몸속에 지방을 충분히 축적해 두어야 한다. 그래서 작은 새들은 겨울이 되기 전에 살을 찌운다. 또 날씨가 추워지면 깃털도 많아진다. 그런 다음 깃털 사이를 부풀려서 공기를 깃털 안에 가둔다. 그래서 같은 새를 여름과 겨울 시기에 비교해 보면 겨울에 훨씬 뚱뚱해 보인다.

새들이 추운 겨울밤을 무사히 보내려면 많은 양의 지방을 써야 한다. 추운 밤을 보낸 새의 몸무게를 재 보면 전날 오후의 몸무게보다 10~15% 이상 줄어 있다. 따라서 겨울밤을 보낸 새는 다음 날 먹이를 먹어서 몸무게를 늘려야 한다. 자칫 지방을 충분히 확보하지 못하면 추운 밤을 안전하게 보내지 못할 수도 있다. 겨울에 따뜻한 열대 지방으로 이주하지 않는 텃새들은 대부분 이런 방식으로 겨울을 보낸다.

» 새의 몸무게는 《
추위와 포식자 사이의 균형

그런데 새들은 왜 엄청 추울 때를 대비해 지방을 더 많이 축적해 놓지 않을까? 새들은 포식자가 나타나면 비행해서 도망가야 한다. 그런데 몸무게가 많이 나가면 민첩한 동작을 취하기 어렵다.

새의 몸무게와 포식자 사이의 관계는 포식자가 없던 장소에 갑자기 포식자가 나타나면 금방 알 수 있다. 유럽검은가슴물떼새도 겨울이 되기 전에 몸무게를 불리는데, 1980년대 갑자기 몸무게가 그 이전의 절반밖에 늘지 않았다. 이는 송골매나 참매가 이 새의 서식지에 출현한 시기와 맞물린다. 또 새 모이통을 찾아오는 새들에게 모형 매를 갑자기 들이대면 새들은 몸무게를 줄이기 시작한다. 추운 밤을 따뜻하게 보내기 위해 몸무게를 불리는 것도 중요하지만, 너무 몸무게를 늘려 포식자보다 굼뜨면 안 된다. 따라서 새들은 추운 겨울을 대비해 함부로 몸무게를 늘릴 수 없다. 겨울철 새들의 몸무게는 얼어 죽을 위험과 포식자의 위험 사이에서 아슬아슬한 균형을 이루고 있다.

만약 온대 지방 겨울철 새의 몸무게를 결정하는 이 균형에서 포식자의 위험이 사라지면 어떻게 될까? 대륙에서 멀리 떨어진 외딴섬이 처음 만들어지면, 초기에는 새들의 포식자가 없다. 이런 곳에 정착한 새들은 비행 능력을 상실하고 몸무게를 늘린다. 마찬가지로 도시도 작은 새들에게 포식자가 없는 안전한 환경을 제공한다. 비둘기가 도시에서 몸무게가 늘어난 이유도 도시 생태계에 포식자의 위협이 약해졌기 때문이라고 추론해 볼 수 있다.

그런데 도시에서 살아가는 새들은 비둘기 말고도 많다. 그런데 유독 비둘기만 닭둘기가 된 이유는 뭘까? 참새, 박새, 까치, 곤줄박이, 직박구리 등도 모두 도시에 흔하지만, 이들의 몸무게는 우리가 눈치챌 만큼 늘어나지 않았다. 작은 새들에게 도시는 분명 매력적인 장소다. 무서운 포식자는 거의 없고, 먹이도 지천으로 널려 있다. 노력하지 않아도 양질의 먹이를 기부하는 사람도 있다.

하지만 새들이 보기에 도시에는 최상위 포식자인 인간들이 득실득실하다. 물론 사람은 작은 새들을 잡아먹지 않지만, 새들은 사람의 마음을 읽지 못한다. 사람들이 흘리거나 뿌려 주는 먹이는 고맙지만, 사람과 언제나 일정한 거리를 유지하고 싶어 한다. 새들은 사람이 다가오면 언제든 도망갈 수 있도록 비행 능력을 유지하려고 한다. 새들이 도시에서 쉽게 먹이 활동을 할 수 있지만 절대 비행 능력을 훼손할 정도로 몸무게를 불리진 않는 이유다.

》 뛰어난 지능으로 《
사람의 마음을 읽는 비둘기

비둘기는 다른 새들과 달랐다. 비둘기는 도시에서 간단하지만 아주 중요한 발견을 했다. 사람이 비둘기에게 위협적인 존재가 아니라는 점이다. 더 이상 위협하는 존재가 없으므로 비둘기는 몸무게를 늘려 먹이가 부족한 시간을 극복하려고 한다. 비둘기가 이런 발견을 할 수 있었던 이유는 뛰어난 지능 덕분이다. 비둘기는 거

울 테스트를 통과한 몇 안 되는 동물 중 하나다. 보통 동물에게 거울을 보여 주면 다른 동물로 착각해서 공격을 하거나 이상한 행동을 하지만, 비둘기는 거울을 보고 자기 자신임을 알 수 있는 고도의 인지 능력을 갖고 있다.

애초에 비둘기를 도시로 도입시킨 장본인은 인간이다. 비둘기는 뛰어난 인지 능력으로 도시 생태계에 완벽히 적응해 도시의 일부가 되었을 뿐이다. 비둘기가 우리의 마음을 읽는 존재라고 이해한다면 닭둘기라는 혐오는 조금이라도 사라지지 않을까?

오삼이는 왜 지리산을 떠났을까?

지난 몇 년간 우리나라에서 가장 화제가 된 슈퍼스타 반달가슴곰이 있다. 이름은 오삼이, 공식 명칭은 KM53이다. K는 한국에서 태어났다는 것, M은 수컷을 뜻한다. 2015년 1월 지리산에서 태어난 이 곰은 그해 10월 지리산에 방사되었다. 그런데 2017년 6월 지리산에서 90km나 떨어진 경상북도 김천의 수도산에서 발견되었다. 오삼이는 왜 지리산을 떠났을까?

경상남도와 전라도 사이에 위치한 지리산에 방사되었다가 경상북도 김천 수도산에서 발견된 오삼이는 2017년 7월 다시 지리산에 방사되었다. 그런데 놀랍게도 조금도 머뭇거리지 않고 곧바로 수도산으로 다시 이동했다. 이번에는 인적이 드문 장소를 이용하고, 고속도로 다리 밑과 같이 통과할 수 있는 경로를 이용하는 주도면밀함을 보여 주었다. 태어난 곳을 벗어나 새로운 세상을 개척하는 행동 때문에 '콜롬버스 곰', '개척 곰'이란 별명도 얻었다.

두 번이나 지리산에서 수도산으로 이주를 시도한 오삼이는 두 번 다 포획되어 지리산으로 돌아왔다. 그런데 오삼이의 여정은 여기서 끝나지 않았다. 오삼이는 겨울을 지리산에서 보내고 2018년 봄에 다시 이주를 시작했는데, 역시 수도산 방향으로 목표를 잡았다. 그런데 이 곰이 고속도로 나들목 인근을 건너다 고속버스에 부딪히는 사고가 발생했다. 사고 순간 고속버스가 시속 100km가 넘는 속도로 달리고 있던 탓에 오삼이는 큰 충격을 받고 튕겨 나갔다. 모두 곰이 죽었을 것으로 여겼지만, 놀랍게도 왼쪽 앞다리만 골절되는 부상을 입었다. 오삼이는 수술을 받고, 재활에 성공하자마자 바로 수도산에 방사되었다. 그 이후로 오삼이는 수도산과 인근 산을 돌아다니며 살고 있다.

》 수컷 곰의 행동권 크기가 《
훨씬 커

오삼이는 왜 태어난 장소를 벗어나 먼 곳으로 이주했을까? 많은 포유동물은 생활하는 데 필요한 공간을 확보하기 위해 행동권을 형성한다. 곰도 마찬가지다. 지리산에 있는 반달가슴곰의 경우 수컷의 행동권이 암컷의 행동권보다 약 2.6배 넓다. 행동권의 크기에 성차가 발생하는 이유는 암컷과 수컷이 행동권을 확보하려는 목적이 다르기 때문이다. 양육 대부분을 담당하는 포유류 암컷은 자신과 새끼들이 먹이를 찾고 지낼 수 있는 공간이면 충분하다. 반면 수컷은 행동권 안에서 먹이를 확보하는 동시에 암컷과 짝짓기를 하려고 시도한다. 수컷은 여러 마리의 암컷과 짝짓기를 할수록 번식에 유리하기 때문에 수컷의 행동권은 암컷보다 훨씬 넓다.

수컷의 행동권이 암컷의 행동권보다 훨씬 넓으므로 한정된 공간에서는 번식 가능한 수컷보다 암컷이 더 많이 존재한다. 암컷과 수컷의 행동권 차이는 청소년들이 독립할 때 재미있는 현상을 만든다. 포유류 암컷은 행동권이 작으므로 태어난 곳 근처에서 비교적 쉽게 행동권을 구할 수 있다. 이에 비해 수컷 청소년들은 독립을 하려 해도 태어난 곳 근처에서 쉽게 행동권을 확보하기 어렵다. 경쟁 능력이 뛰어나고 행동권이 넓은 다른 수컷이 이미 자리 잡고 있기 때문이다. 그래서 수컷 청소년들은 태어난 곳에서 멀리 이동해 행동권을 찾으려고 한다.

오삼이도 번식을 시작하기 전 청소년 수컷이었다. 지리산에서 수도산까지 장거리 이주한 오삼이의 행동은 분산이라고 판단된다. '분산'은 태어난 장소를 떠나 번식할 장소로 이주하는 것을 뜻한다. 수컷의 분산은 건강한 반달가슴곰 개체군을 유지하기 위해 꼭 필요하다. 지리산처럼 한정된 공간에서는 소수의 수컷이 모든 짝짓기를 독차지할 수 있다. 이런 상태가 지속되면 근친 교배의 확률이 높아져 지리산에 있는 반달가슴곰의 건강이 전반적으로 악화될 수 있다. 근친교배를 완화하는 방법은 수컷의 분산이다. 같은 부모에서 나온 형제자매라도 형제들은 멀리 떠나고, 자매들은 태어난 장소 근처에 머무른다. 그 결과 암컷들은 외부에서 온 수컷들과 짝짓기를 하게 되고, 가까운 근친 간의 교배를 방지할 수 있다. 이런 청소년 수컷의 분산은 포유류 전반에 걸쳐 나타나는 일반적인 현상이다.

» 분산하는 반달가슴곰의 수는 《
늘어난다

오삼이의 행동은 불굴의 의지를 보여 주는 한 편의 드라마이자, 동시에 미래에 대한 예고이기도 하다. 지리산 일대에 수용할 수 있는 적정한 반달가슴곰의 수는 55~77마리 정도인데, 현재 지리산에 있는 반달가슴곰의 수는 이 수치에 아주 가깝다. 그래서 앞으로 오삼이처럼 장거리 분산을 시도하는 반달가슴곰의 수가 증가할 것이다. 실제 지리산 일대를 벗어나 전라남도 곡성이나 광양의 백운산 등으로 서식지를 확대하는 곰들이 하나둘 늘고 있다.

오삼이의 분산은 이제 반달가슴곰의 생활 무대가 지리산을 벗어나 소백산맥을 따라 확장하기 시작했음을 뜻한다. 반달가슴곰의 출현이 예상되는 지역에서는 반달가슴곰과 인간의 충돌을 방지하기 위해 서식지를 안정화시켜야 한다. 자연 생태계 깊숙이 침투해 있는 인간의 활동은 이제 그 범위를 줄이고 자제해야 한다. 한번 아프리카를 벗어난 인류가 지구의 역사를 바꿔 놓았듯이 오삼이의 분산은 인간과 자연 생태계의 관계를 재정립하는 기회가 될 것으로 보인다.

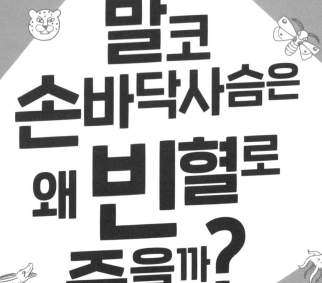

39

말코
손바닥사슴은
왜 빈혈로
죽을까?

최근 기후 변화가 심해지면서 거대한 덩치를 자랑하는 말코손바
닥사슴이 어려움을 겪고 있다. 심지어 빈혈에 시달리기까지 한다. 기후 변화
가 이들에게 어떤 영향을 끼친 걸까?

말코손바닥사슴은 현재 지구상에 있는 사슴 중에서 가장 크고 무겁다. 다 자라면 어깨 높이가 1.4~2.1m나 되는데, 이는 커다란 말보다도 높다. 수컷은 몸무게가 380~700kg이나 나간다. 말코손바닥사슴 수컷의 뿔은 손바닥처럼 생긴 데다 코가 마치 말의 코처럼 생겨서, 말코손바닥사슴이라 불린다. 이들은 북미와 유라시아 대륙의 온대 활엽수림부터 냉대림 지역까지 고루 서식한다.

말코손바닥사슴은 거대한 몸집을 유지하기 위해 매일 대량의 식사를 해야 한다. 그런데 식성이 꽤 까다로운 편이다. 주로 버드나무나 자작나무에서 돋아나는 새순이나 과일처럼 섬유질은 적고, 영양가는 높은 먹이를 먹는다. 이런 먹이는 영양분은 충분하지만, 나트륨 성분이 부족해서 나트륨이 풍부한 수초를 찾아 먹기도 한다.

말코손바닥사슴의 까다로운 식성이 생활 방식을 결정했다. 초식 동물은 보통 포식자 방어와 먹이 찾기를 위해 집단생활을 한다. 하지만 말코손바닥사슴의 먹이는 한 지역에서 여러 마리가 먹기에 충분하지 않아 홀로 사는 단서 생활을 해야 한다. 그래서 어미와 새끼 또는 번식기를 제외하면 무리를 짓는 말코손바닥사슴을 보기 어렵다.

말코손바닥사슴 개체 수는 1990년대부터 급격하게 줄어들었다. 특히 온대 지역에 사는 개체군의 감소가 심각한데, 그 이유로는 늑대 같은 포식자의 증가, 서식지 변형 및 기생자 등이 있다. 이 가운데서도 겨울진드기나 사슴뇌막충 같은 기생자가 치명적이라고 밝혀졌다.

》 겨울진드기에 목숨을 위협받는 《
말코손바닥사슴

겨울진드기는 북미 전역에서 발견되지만, 말코손바닥사슴이 서식하고 있는 지역에는 밀도가 특히 높다. 진드기는 피를 빨아먹는 외부 기생자다. 겨울진드기는 늦여름이나 초가을에 알에서 부화해 풀잎 위쪽 끝으로 올라간다. 이때는 말코손바닥사슴이 짝짓기할 때라 매우 활동적이다. 겨울진드기들은 다리가 서로 맞물려 있어서 한 마리가 운 좋게 말코손바닥사슴에 들러붙으면 보통 한꺼번에 수천 마리가 따라붙는다. 심각하게 기생당히면 말코손바닥사슴 한 마리에 겨울진드기가 5만에서 10만 마리씩 득실거린다. 겨울진드기는 말코손바닥사슴의 피를 빨면서 겨울을 나고, 이듬해 봄에 다시 지면으로 떨어진다. 자칫 말코손바닥사슴은 피를 너무 많이 빨려 빈혈로 죽기도 한다.

겨울진드기는 흰꼬리사슴이나 카리부 등에도 기생하지만, 말코손바닥사슴이 특히 겨울진드기의 기생에 취약하다. 그 이유는 말코손바닥사슴은 다른 사슴처럼 진드기를 떼어 내기 위한 털고르기를 제대로 진화시키기 못했기 때문이다. 기껏해야 가려운 부위를 나무에 대고 문지르는 정도인데, 자칫 심하게 문지르다 모피 일부가 떨어져 나가기도 한다. 그래서 겨울진드기가 득실거리는 말코손바닥사슴은 60~70%의 모피가 없어지기도 한다. 그 때문에 추운 겨울에 저체온증으로 죽기도 한다.

겨울진드기의 기생은 최근 기후 변화로 인해 더욱 심각해지고 있다. 말코손바닥사슴이 서식하는 지역은 초봄도 매우 춥고, 종종 눈이 쌓여 있다. 이런 경우 겨울진드기의 생존율이 급격하게 떨어진다. 그런데 최근 기후 변화로 인해 초봄에도 눈이 적게 쌓여 있거나, 온도가 높아 아예 눈이 없기도 하다. 이런 경우 겨울진드기의 생존율이 높아지고, 그만큼 말코손바닥사슴에 기생하는 겨울진드기의 밀도가 높아진다.

기후 변화가 빠르게 진행되면서 말코손바닥사슴을 위협하는 새로운 내부 기생자가 등장했는데, 바로 사슴뇌막충이다. 사슴뇌막충은 말코손바닥사슴의 머리로 이동해 뇌를 갉아 먹는다. 이 기생자에 대한 저항성이 없는 말코손바닥사슴은 점점 뇌 기능이 마비되다가 결국 운동 신경을 조절하지 못하고 좀비처럼 허우적거리다가 죽는다.

» 인간의 심리에도 《
영향을 미치는 기후 위기

말코손바닥사슴은 추운 지방 사람들에게 상징적인 존재이다. 지금은 더 이상 사냥하지 않지만, 그 웅장함과 자태 때문에 아직도 많은 거주민이 말코손바닥사슴을 그 지역의 정체성으로 여긴다. 안타까운 점은 말코손바닥사슴 개체군의 감소 추세를 바꿀 만한 뾰족한 대안이 없다는 사실이다. 말코손바닥사슴의 사망률에 영향을 미치는 요인은 많고, 이들은 서로 얽히고설켜 있다. 앞으로 기후 변화 추세가 더 뚜렷해질 전망이어서 과거로 돌아갈 가능성은 거의 없다. 말코손바닥사슴이 사라지면서 그 상실감도 많은 이들에게 커질 전망이다. 기후 위기는 생물과 인간의 생존, 생활 방식뿐만 아니라 심리적으로도 영향을 미치고 있다.

40

마이크로 퍼핀이 많아지는 이유는?

퍼핀은 밝은 주홍색을 띤 커다란 부리와 다리, 하얗게 도드라진 얼굴에 순진해 보이는 눈망울을 가지고 있다. 귀여운 외모 덕분에 보기만 해도 힐링이 된다고 해 '치유의 새'라고도 불린다. 멋진 부리에 욕심쟁이처럼 사냥한 물고기를 잔뜩 물고 다니는 모습을 한번 보면 절대 잊을 수가 없다. 그런데 기후 변화 때문에 퍼핀도 생존을 위협받고 있다.

전 세계에 세 종류의 퍼핀이 있는데, 우리에게 가장 친숙한 종은 대서양퍼핀이다. 대서양퍼핀은 '코뿔바다오리'라고도 부르는데 코뿔처럼 보이는 게 부리다. 대서양퍼핀은 북대서양 고위도의 차가운 바다에서 산다. 퍼핀은 바다새다. 바다새는 성장해서 독립하면 대부분의 시간을 바다에서 보낸다. 바다에서 먹이를 찾고, 휴식을 취하고, 잠도 잔다.

퍼핀은 잠수도 아주 잘해서 수심 60m까지 들어갈 수 있고, 숨을 참고 1분 이상 버틸 수 있다. 잠수를 해서 청어나 까나리, 빙어 같은 작은 물고기를 사냥한다. 이때 먼저 잡은 물고기를 근육질에 홈이 난 혀로 잘 누르고 있어서, 또다시 입을 벌리고 사냥해도 물고기가 입에서 빠지지 않는다.

》 하늘과 바다를 《
모두 비행하는 퍼핀

물고기를 사냥하려면 물속에서 빠르게 움직여야 한다. 퍼핀이 물속에서 이동하는 모습을 보면 마치 노를 젓는 것처럼 날개를 앞뒤로 움직여 추진력을 얻고 다리를 이용해 방향을 잡는다. 물의 밀도는 공기보다 무려 800배 이상 높다. 이렇게 무거운 물을 이동시키려면 퍼핀의 날개는 짧고 튼튼해야 한다. 그래서 퍼핀의 날개는 몸에 비해 작아서 날갯짓만으로 제자리에서 날아오를 수 없다. 그 대신 날갯짓을 하면서 수면 위를 빠르게 뛰어간다. 퍼핀의 이륙은 다른 어느 새의 이륙보다 길고 힘겹게 느껴진다.

퍼핀이 주로 번식하는 장소는 북유럽이나 북아메리카의 대서양 해안, 아이슬란드, 그린란드 등이다. 번식기가 되면 퍼핀은 네발동물이 거의 없는 바닷가 절벽이나 외딴섬에 둥지를 튼다. 수컷은 부리로 땅을 파서 갈매기 같은 포식자가 접근하기 어렵게 둥지를 만든다. 그런 다음 암컷이 알을 낳고, 암수가 번갈아 알을 품는다. 새끼가 깨어나면 부모는 바다에 나가 먹이가 되는 작은 물고기를 잡아 온다.

배고픈 새끼를 위해 사냥해서 잡은 물고기를 물고 한순간이라도 빨리 둥지로 가려고 하지만, 둥지 근처 바닷가에는 위험이 도사린다. 갈매기나 도둑갈매기가 지키고 있으면서 퍼핀의 사냥감을 낚아채려 한다. 이들은 날개가 크고 길어서 빠르고 민첩하게 비행을 할 수 있다. 퍼핀이 먹이를 물고 접근하면 도둑갈매기가 퍼핀 옆에 달라붙어 위협하거나 살짝 건드린다. 이때 퍼핀이 비틀거리거나 바다로 추락하다 물고 있던 먹이를 놓칠 때를 틈타 낚아채거나, 퍼핀이 물고 있는 물고기를 직접 빼앗기도 한다.

물고기를 사냥해 둥지로 가져와야 하는 퍼핀 부모의 고난은 최근 기후 변화로 한층 심각해지고 있다. 미국 동북부 메인주는 대서양퍼핀의 가장 남쪽 서식지다. 북대서양의 기후는 적도에서 북쪽으로 올라가는 따뜻한 멕시코 만류와 북미의 해안선을 따라 북쪽에서 남쪽으로 내려오는 래브라도 해류의 영향을 받는다. 그런데 최근 북미의 극지방에 있는 강들이 녹아 래브라도 해류가 많이 약해지면서 수온이 높아져, 어류를 포함한 바다 생물들의 분포나 이동 경로가 급격하게 바뀌고 있다.

》 기후 변화에 《
대응해야 하는 이유

차가운 수온을 좋아하는 북대서양청어는 수온이 올라가자 바다 깊이 들어가거나, 해안에서 멀리 떨어져 이동한다. 그 결과 퍼핀 부모는 바다에 나가도 청어를 발견하지 못하거나, 해안에서 멀리 떨어진 곳까지 다녀와야 한다. 그러면 이동하는 시간이 너무 길어져 새끼에게 충분한 먹이를 가져올 수 없다. 다급한 퍼핀 부모는 청어 대신 따뜻한 물에 사는 은대구를 사냥해 가져오기도 한다. 그런데 은대구는 너무 커서 새끼가 삼킬 수 없다. 안타깝게도 퍼핀은 맹금류처럼 먹이를 잘게 찢어서 새끼에게 먹이는 양육 행동이 아직 진화하지 못했다. 그래서 퍼핀 새끼는 은대구를 옆에 쌓아 두고도 먹지 못하고 굶어 죽는다.

이런 열악한 조건에서 살아남은 새끼 퍼핀은 크기가 작아

더 작은
물고기는 없어요?

연구자들은 마이크로 퍼핀이라 부른다. 이렇게 작은 퍼핀들이 대서양의 거친 파도와 포식자들에 맞서 살아남을 수 있을지는 의문이다.

생존 위기에 직면한 퍼핀을 보면서 '우리가 기후 변화에 대응하지 않고 가만히 있으면 어떻게 될까?'라는 생각을 해 본다. 우리도 결국 기후 위기의 공조자가 되는 게 아닐까?

동물행동학자 ❹ 제인 구달

아, 저게 안 닿네.

끼잉 끼잉

동동아, 시험 공부는 좀 했어? 그나저나 저걸 꺼내려면 도구를 사용해야지. 침팬지도 흰개미를 잡을 때 나뭇가지를 쓰고, 고릴라도 대나무를 사다리처럼 사용할 줄 안다고.

칫, 나도 그쯤은 안다고요. 제인 구달 박사님이 처음으로 침팬지도 나뭇가지를 사용한다는 걸 발견했죠?

오, 대단한데! 그럼 제인 구달 박사님에게 끈기도 좀 배우면 어때?

제인 구달은 1960년부터 10년도 넘게 야생에서 꾸준히 침팬지를 관찰했어.

제인 구달
(1934~)

저 당시만 해도 동물을 연구하려면 주로 동물원에 있는 동물들을 대상으로 연구를 했지. 자연 상태에서는 몇 개월 정도의 짧은 연구만 이루어졌고.

연구하러 갑니다.

동물원

제인 구달이 처음 연구를 시작했을 때는 침팬지를 한 번 보기조차 어려웠지만, 시간이 흐르면서 침팬지들하고 서로 털을 골라 줄 정도로 친해졌어.

그러면서 침팬지가 흰개미를 잡아먹을 때 잎을 뗀 가는 나뭇가지를 사용하거나 딱딱한 열매 껍질을 돌을 이용해 까 먹는다는 사실을 발견했지. 당시에는 인간만이 도구를 만들어 사용할 줄 안다고 생각되었던 때라 사람들은 이 사실을 알고 큰 충격을 받았단다.

제인 구달 박사님은 이후 동물 보호와 지구 환경 보호를 위해 애쓰고 있지.

Jane Goodall's
roots & shoots
(뿌리와 새싹)

동동아, 거기서 뭐 하냐?

제인 구달 박사님처럼 끈기 있게 연구하고 있죠. 밥을 먹으면 얼마 만에 다시 배가 고파지는지 정확히 알아보려고요.

그래, 근데 방학식날인데, 성적표는 어디?

아빠, 저는 아프리카로 떠납니다!

참고 문헌

2

Doughty CE, Roman J, Faurby S, Wolf A, Haque A, Bakker ES, Malhi Y, Dunning JB, Svenning J-C. 2016. Global nutrient transport in a world of giants. Proceedings of the National Academy of Sciences 113:868-873.

Field CR. 1970. A study of the feeding habits of the hippopotamus (Hippopotamus amphibius Linn) in the Queen Elizabeth National Park, Uganda, with some management implications. Zoologica Africana, 5: 71-86.

Stears K, Nuñez TA, Muse EA, Mutayoba BM, McCauley DJ. 2019. Spatial ecology of male hippopotamus in a changing watershed. Scientific Reports 9.

Subalusky AL, Dutton CL, Rosi-Marshall EJ, Post DM. 2015. The hippopotamus conveyor belt: vectors of carbon and nutrients from terrestrial grasslands to aquatic systems in sub-Saharan Africa. Freshwater Biology 60:512-525.

3

Bar-On, Y. M., Phillips, R., Milo, R. (2018). "The biomass distribution on Earth." Proceedings of the National Academy of Sciences 115(25): 6506-6511.

Hairston, N. G., Smith. F. E., Slobodkink, L. B. (1960). "Community Structure, Population Control, and Competition." Am Nat 94(879): 421-425.

Pimm, S. L. (1991). The Balance of Nature?: Ecological Issues in the Conservation of Species and Communities. Chicago, University of Chicago Press.

4

Renault H, Werck-Reichhart D, Weng J-K. 2019. Harnessing lignin evolution for biotechnological applications. Current Opinion in Biotechnology 56:105-111.

7

Conner WE, Corcoran AJ. 2012. Sound strategies: the 65-million-year-old battle between bats and insects. Annu Rev Entomol 57:21-39.

Corcoran AJ, Barber JR, Hristov NI, Conner WE. 2011. How do tiger moths jam bat sonar? The Journal of Experimental Biology 214:2416-2425.

Fullard JH. 1998. The Sensory Coevolution of Moths and Bats. Pages 279-326 in Hoy RR, Popper AN, Fay RR, eds. Comparative Hearing: Insects. New York, NY: Springer New York.

Goerlitz HR, ter Hofstede HM, Zeale MRK, Jones G, Holderied MW. 2010. An Aerial-Hawking Bat Uses Stealth Echolocation to Counter Moth Hearing. Current Biology. 20):1568-72.

Hristov NI, Conner WE. 2005. Sound strategy: acoustic aposematism in the bat-tiger moth arms race. Naturwissenschaften 92:164-169.

Roeder KD. 1967. Nerve Cells and Insect Behavior. Harvard University Press.

van Valen L. 1973. A new evolutionary law. Evolutionary Theory 1:1-30.

8

Simpson Stephen J, Sword Gregory A, Lo N. 2011. Polyphenism in Insects. Current Biology. 21:R738-R49.

Simpson SJ, Despland E, Hägele BF, Dodgson T. 2001. Gregarious behavior in desert locusts is evoked by touching their back legs. Proceedings of the National Academy of Sciences. 98:3895-3897.

9

Chilton WS, Bigwood J, Jensen RE. 1979. Psilocin, Bufotenine and Serotonin: Historical and Biosynthetic Observations. Journal of Psychedelic Drugs 11:61-69.

Harris RJ, Arbuckle K. 2016. Tempo and Mode of the Evolution of Venom and Poison in Tetrapods. Toxins. 8(7).

Zhang Y. 2015. Why do we study animal toxins? Zoological research. 36(4):183-222.

10

Austad, S. 1999. Why we age. Wiley & Sons. New York.; 최재천, 김태원 옮김. (2005). 『인간은 왜 늙는가』 궁리.

11

Magige FJ, Moe B, Røskaft E. 2018. The white colour of the Ostrich (Struthio camelus) egg is a trade-off between predation and overheating. Journal of Ornithology. 149:323-328.

Magige FJ, Stokke BG, Sortland R, Røskaft E. 2009. Breeding biology of ostriches (Struthio camelus) in the Serengeti ecosystem, Tanzania. African Journal of Ecology. 47:400-408.

Magige FJ. 2008. The ecology and behaviour of the Masai ostrich (Struthio camelus massaicus) in the Serengeti Ecosystem, Tanzania: Fakultet for naturvitenskap og teknologi;

12

Bell RHV. 1971. A grazing ecosystem in the Serengeti. Scientific American 224:86-93.

Cameron EZ, du Toit JT. 2007. Winning by a Neck: Tall Giraffes Avoid Competing with Shorter Browsers. Am Nat 169:130-135.

Jarman PJ. 1974. The Social Organisation of Antelope in Relation To Their Ecology. Behaviour 48:215-267.

Simmons RE, Scheepers L. 1996. Winning by a Neck: Sexual Selection in the Evolution of Giraffe. American Naturalist 148:771-786.

Schmitt MH, Stears K, Shrader AM. 2016. Zebra reduce predation risk in mixed-species herds by eavesdropping on cues from giraffe. Behavioral Ecology 27:1073-1077.

13

Clarke A, Rothery P. 2008. Scaling of body temperature in mammals and birds. Functional Ecology. 22:58-67.

Nicholls H. 2014. The truth about sloths.

14

Krebs JR, Davies NB. 1993. An Introduction to Behavioural Ecology. Wiley-Blackwell.

Erickson GM, Gignac PM, Steppan SJ, Lappin AK, Vliet KA, Brueggen JD, Inouye BD, Kledzik D, Webb GJW. 2012. Insights into the Ecology and Evolutionary Success of Crocodilians Revealed through Bite-Force and Tooth-Pressure Experimentation. PloS one 7:e31781.

Grady JM, Enquist BJ, Dettweiler-Robinson E, Wright NA, Smith FA. 2014. Evidence for mesothermy in dinosaurs. Science 344:1268-1272.

17

Anderson JM, Coe MJ. 1974. Decomposition of elephant dung in an arid, tropical environment. Oecologia 14:111-125.

Davies NB, Krebs JR, West SA. 2012. An Introduction to Behavioural Ecology. Wiley-Blackwell.

18

Davies N, Gramotnev G, Seabrook L, Bradley A, Baxter G, Rhodes J, Lunney D, McAlpine C. 2013. Movement patterns of an arboreal marsupial at the edge of its range: a case study of the koala. Movement Ecology 1:8.

Tyndale-Biscoe H. 2005. Life of Marsupials. CSIRO Publishing. ISBN 978-0-643-06257-3.

19

Lohmann KJ. 2018. Animal migration research takes wing. Current Biology. 28:R952-R5.

20

Hrdy SB. 1977. Infanticide as a Primate Reproductive Strategy. American Scientist 65:40-49.

Stander PE. 1992. Cooperative hunting in lions: the role of the individual. Behavioral Ecology and Sociobiology 29:445-454.

21

Borzée A, Park S, Kim A, Kim H-T, Jang Y. 2013. Morphometrics of two sympatric species of tree frogs in Korea: a morphological key for the critically endangered Hyla suweonensis in relation to H. japonica. Animal Cells and Systems 17:348-356.

Borzée A, Jang Y. 2015. Description of a seminatural habitat of the endangered Suweon treefrog Hyla suweonensis. Animal Cells and Systems 19:216-220.

Borzée A, Kim JY, Jang Y. 2016. Asymmetric competition over calling sites in two closely related treefrog species. Scientific Reports 6:32569.

Borzée A, Kim JY, Da Cunha MAM, Lee D, Sin E, Oh S, Yi Y, Jang Y. 2016. Temporal and spatial differentiation in microhabitat use: Implications for reproductive isolation and ecological niche specification. Integrative Zoology 11:375-387.

Borzée A, Jang Y. 2018. Interference competition driven by hydric stress in Korean hylids. Nature

Conservation Research 3:1-5.
Kuramoto M. 1980. Mating calls of treefrogs (genus Hyla) in the Far East, with description of a new species from Korea. Copeia 1980:100-108.

22

Brothers JR, Lohmann KJ. 2015. Evidence for Geomagnetic Imprinting and Magnetic Navigation in the Natal Homing of Sea Turtles. Current Biology. 25:392-6.
Lohmann KJ, Putman NF, Lohmann CMF. 2008. Geomagnetic imprinting: A unifying hypothesis of long-distance natal homing in salmon and sea turtles. Proceedings of the National Academy of Sciences 105:19096-19101.

24

Beecher MD, Campbell SE, Nordby JC. 2000. Territory tenure in song sparrows is related to song sharing with neighbours, but not to repertoire size. Animal Behaviour 59:29-37.
Burt JM, Campbell SE, Beecher MD. 2001. Song type matching as threat: A test using interactive playback. Animal Behaviour 62:1163-1170.
Kroodsma DE, Sánchez J, Stemple DW, Goodwin E, Da Silva ML, Vielliard JME. 1999. Sedentary life style of Neotropical sedge wrens promotes song imitation. Animal Behaviour 57:855-863.
Macdougall-Shackleton EA. 2002. Nonlocal male mountain white-crowned sparrows have lower paternity and higher parasite loads than males singing local dialect. Behavioral Ecology 13:682-689.
Olson SL. 2001. Why so many kinds of passerine birds? BioScience 51:268-269.
Rivera-Gutierrez HF, Pinxten R, Eens M. 2011. Difficulties when Assessing Birdsong Learning Programmes under Field Conditions: A Re-Evaluation of Song Repertoire Flexibility in the Great Tit. PloS one 6:e16003.

25

Garland Ellen C, Goldizen Anne W, Rekdahl Melinda L, Constantine R, Garrigue C, Hauser Nan D, et al. 2011. Dynamic Horizontal Cultural Transmission of Humpback Whale Song at the Ocean Basin Scale. Current Biology. 21:687-691.
Griffin AS. 2004. Social learning about predators: a review and prospectus. Animal Learning & Behavior 32:131-140.
Seyfarth RM, Cheney DL, Marler P. 1980. Vervet monkey alarm calls: Semantic communication in a free-ranging primate. Animal Behaviour 28:1070-1094.

27

Amodio P, Boeckle M, Schnell AK, Ostojíc L, Fiorito G, Clayton NS. 2019. Grow Smart and Die Young: Why Did Cephalopods Evolve Intelligence? Trends in Ecology & Evolution. 34(1):45-56.

Finn JK, Tregenza T, Norman MD. 2009. Defensive tool use in a coconut-carrying octopus. Current Biology. 19(23):R1069-R70.

28

Clayton NS, Dickinson A. 1998. Episodic-like memory during cache recovery by scrub jays. Nature 395:272-274.
Raby CR, Alexis DM, Dickinson A, Clayton NS. 2007. Planning for the future by western scrub-jays. Nature 445:919-921.
Schacter DL, Addis DR, Buckner RL. 2007. Remembering the past to imagine the future: the prospective brain. Nature Reviews Neuroscience 8:657-661.

29

Berger J. 2001. Recolonizing Carnivores and Naive Prey: Conservation Lessons from Pleistocene Extinctions. Science 291:1036-1039.
Lima SL, Dill L. 1990. Behavioral decisions made under the risk of predation: a review and prospectus. Canadian Journal Of Zoology 68:619-640.

30

Banavar JR, Cooke TJ, Rinaldo A, Maritan A. 2014. Form, function, and evolution of living organisms. Proceedings of the National Academy of Sciences 111:3332-3337.

32

Lailvaux SP, Reaney LT, Backwell PRY. 2009. Dishonest signalling of fighting ability and multiple performance traits in the fiddler crab Uca mjoebergi. Functional Ecology 23:359-366.

Reaney LT, Milner RNC, Detto T, Backwell PRY. 2008. The effects of claw regeneration on territory ownership and mating success in the fiddler crab Uca mjoebergi. Animal Behaviour 75:1473‑1478.

33

Pettigrew JD, Collin SP, Ott M. 1999. Convergence of specialised behaviour, eye movements and visual optics in the sandlance (Teleostei) and the chameleon (Reptilia). Current Biology 9:421‑424.

Teyssier J, Saenko SV, Van Der Marel D, Milinkovitch MC. 2015. Photonic crystals cause active colour change in chameleons. Nature Communications 6:6368.

Ligon RA, McGraw KJ. 2013. Chameleons communicate with complex colour changes during contests: different body regions convey different information. Biol Lett 9:20130892.

34

Lewis SM, Cratsley CK. 2008. Flash Signal Evolution, Mate Choice, and Predation in Fireflies. Annual Review of Entomology 53:293‑321.

Lloyd JE. 1965. Aggressive mimicry in Photuris: Firefly femmes fatales. Science 149:653‑654.

Rubenstein DR, Alcock J. 2019. Animal Behavior. Oxford University Press.

Wheeler BC. 2009. Monkeys crying wolf? Tufted capuchin monkeys use anti‑predator calls to usurp resources from conspecifics. Proceedings of the Royal Society B: Biological Sciences 276:3013‑3018.

35

Dybas, HS, Davis DD. (1962). "A populations census of seventeen‑year periodical cicadas (Homoptera: Cicadidae: Magicicada)". Ecology. 43 (3): 432 ‑ 444. doi:10.2307/1933372. JSTOR 1933372.

Goles E, Schulz O, Markus M. 2001. Prime number selection of cycles in a predator‑prey model. Complexity 6:33‑38.

36

Williamson M, Fitter A. 1996. The Varying Success of Invaders. Ecology 77:1661‑1666.

Chapple DG, Simmonds SM, Wong BBM. 2012. Can behavioral and personality traits influence the success of unintentional species introductions? Trends in Ecology & Evolution 27:57‑64.

37

Epstein R, Lanza RP, Skinner BF. 1981. "Self‑Awareness" in the Pigeon. Science 212:695‑696.

Gentle LK, Gosler AG. 2001. Fat reserves and perceived predation risk in the great tit, Parus major. Proceedings of the Royal Society of London. Series B: Biological Sciences 268:487‑491.

Gosler AG, Greenwood JJD, Perrins C. 1995. Predation risk and the cost of being fat. Nature 377:621‑623.

Owen DF. 1954. The winter weights of titmice. Ibis. 96: 1103‑1110.

Piersma T, Koolhaas A, Jukema J. 2003. Seasonal body mass changes in Eurasian Golden Plovers Pluvialis apricaria staging in the Netherlands: decline in late autumn mass peak correlates with increase in raptor numbers. Ibis 145:565‑571.

38

Andersen D, Yi Y, Brozee A, Kim K, Moon K‑S, Kim J‑J, Kim T‑W, Jang Y. 2021. Use of a spatially explicit individual‑based model to predict population trajectories and habitat connectivity for reintroduced ursids. Oryx. 1‑10. doi:10.1017/S0030605320000447

Shirane, Y., et al. (2019). "Sex‑biased dispersal and inbreeding avoidance in Hokkaido brown bears." Journal of Mammalogy 100(4): 1317‑1326.

39

DeBow J, Blouin J, Rosenblatt E, Alexander C, Gieder K, Cottrell W, Murdoch J, Donovan T. 2021. Effects of Winter Ticks and Internal Parasites on Moose Survival in Vermont, USA. The Journal of Wildlife Management 85:1423‑1439.

Ellingwood DD, Pekins PJ, Jones H, Musante AR. 2020. Evaluating moose Alces alces population response to infestation level of winter ticks Dermacentor albipictus. Wildlife Biology 2020:wlb.00619.

Wünschmann A, Armien AG, Butler E, Schrage M, Stromberg B, Bender JB, Firshman AM, Carstensen M. 2015. Necropsy findings in 62 opportunistically collected free‑raning moose (Alces alces) from Minnesota, USA (2003 ‑ 13). Journal of Wildlife Diseases 51:157‑165.

질문하는 과학 11

하마는 왜 꼬리를 휘저으며 똥을 눌까?

초판 1쇄 발행 2023년 3월 10일
초판 3쇄 발행 2024년 5월 27일

지은이 장이권
그린이 최경식
펴낸이 이수미
편집 김연희
북 디자인 신병근, 선주리
마케팅 김영란, 임수진

종이 세종페이퍼   인쇄 두성피엔엘   유통 신영북스

펴낸곳 나무를 심는 사람들
출판신고 2013년 1월 7일 제2013-000004호
주소 서울시 용산구 서빙고로 35 103동 804호
전화 02-3141-2233   팩스 02-3141-2257
이메일 nasimsabooks@naver.com
블로그 blog.naver.com/nasimsabooks
인스타그램 instagram.com/nasimsabook

ⓒ 장이권, 2023
ISBN 979-11-90275-89-7
      979-11-86361-74-0(세트)